Kohlhammer

Michael Lülf

Sozialkompetenz und Teamentwicklung bei Einsatzkräften

1. Auflage

Verlag W. Kohlhammer

Alle abgebildeten Grafiken sind, sofern keine gesonderte Quellenhinweise angegeben wurden, Eigendarstellungen des Verfassers. Alle Fotos sind zur Verwendung mit der Genehmigung der Berufsfeuerwehr Mülheim an der Ruhr sowie mit der Genehmigung von den Fotografen Herrn Ewald Koschut (Bottrop), Herrn Marc Stier (Mülheim an der Ruhr), Herrn Guido Bludau und Herrn Henning Gros (Dorsten) freigegeben worden.

1. Auflage 2018

Alle Rechte vorbehalten
© W. Kohlhammer GmbH, Stuttgart
Gesamtherstellung: W. Kohlhammer GmbH, Stuttgart

Print:
ISBN 978-3-17-033303-1

E-Book-Formate:
pdf: ISBN 978-3-17-033305-5
epub: ISBN 978-3-17-033306-2
mobi: ISBN 978-3-17-033307-9

Geleitwort

Ohne gelingende Kooperation und Kommunikation ist effektive Gefahrenabwehr nicht möglich. Maßnahmen zur Brandbekämpfung, die Durchführung technischer Hilfeleistungen sowie die Versorgung von schwer verletzten oder akut erkrankten Notfallpatienten setzt immer voraus, dass mehrere Menschen z. B. Absprachen treffen, eine gemeinsame Strategie verfolgen und einander sinnvoll ergänzend tätig werden. Einzelkämpfer sind in den Einsatzorganisationen, d. h. bei Feuerwehren, Rettungsdiensten und dem Technischen Hilfswerk, definitiv fehl am Platz.

Erstaunt und verwundert muss man allerdings zur Kenntnis nehmen, dass die Förderung der Sozialkompetenz von Feuerwehrleuten, Rettungsdienstmitarbeitern und anderen Einsatzkräften in den üblichen Ausbildungen – wenn überhaupt – allenfalls »nebenbei« bzw. indirekt erfolgt. Im Vordergrund stehen fast ausschließlich fachliche Aspekte.

Sich in ein Team integrieren zu können, ein Team mit aufzubauen, als Team zusammenzuwachsen und als Mitglied eines Teams zu funktionieren, aber auch vorgegebenen Rollenerwartungen gerecht zu werden und Spielräume zur Ausgestaltung der eigenen Rolle in einer angemessenen Weise nutzen zu können, wird mehr oder weniger vorausgesetzt. Einem umfassenden Verständnis beruflicher Handlungskompetenz wird dies jedoch längst nicht mehr gerecht: Neben der Fach- und Methodenkompetenz ist Personal- und Sozialkompetenz aller Beteiligten – gerade im Einsatzwesen – unabdingbar geworden: Wie viele schwelende Konflikte in Wachabteilungen, aber auch suboptimale Einsatzverläufe mit den vielfältigsten Komplikationen resultieren z. B. daraus, dass eben nie ein wirkliches Team entstanden ist?

Michael Lülf hat diese Problematik bereits vor vielen Jahren erkannt. In seiner damaligen Funktion als Leiter einer Feuerwehr- und Rettungsdienstschule hat er damit begonnen, ein intensives Trainingskonzept zu entwickeln, das einerseits sozialwissenschaftlich fundiert begründet, andererseits aber auch mit den bislang üblichen Ausbildungsstrategien kompatibel ist. Dieses, aufgrund umfangreicher Praxiserfahrung immer weiter entwickelte, in vielen Arbeitskreisen diskutierte und inzwischen auch durchaus bewährte und viel beachtete Konzept, wird mit diesem Buch erstmals einer breiten Fachöffentlichkeit vorgestellt.

Im verfügbaren Angebot der Fachliteratur für die Ausbildung von Einsatzkräften wird auf diese Weise eine bislang unübersehbar bestehende Lücke geschlossen. Die nachfolgenden Ausführungen geben wertvolle Anregungen, um dem Training der

Sozialkompetenz eben die Bedeutung zukommen zu lassen, die dieses wichtige Thema ganz zweifellos verdient. Zu hoffen bleibt, dass diese Anregungen nicht nur engagiert, sondern auch stets verantwortungsbewusst und sorgfältig reflektiert in die Praxis umgesetzt werden!

Prof. Dr. phil. Harald Karutz
Dipl.-Pädagoge

Vorwort

Einsatzkräfte aller Organisationsformen verkörpern einen hohen gesellschaftlichen Anspruch. Nicht nur deshalb belohnt die Gesellschaft die Einsatzkräfte von Feuerwehren sowie Hilfs- und Rettungsorganisationen mit dem höchsten Vetrauenszuspruch den es gibt (Readers-Digest, 2014). Spricht man von Einsatzkräften, so spricht man in der Regel immer von mehreren Personen. Eine gute Einsatzkraft macht Teamfähigkeit und ein hoher Faktor an Sozialkompetenz aus und kein »Einzelkämpfertum«.

Seit 1994 bin ich selbst aktive Einsatzkraft in der Freiwilligen Feuerwehr Dorsten, der Berufsfeuerwehr Mülheim an der Ruhr und der Deutschen Gesellschaft zur Rettung Schiffbrüchiger. Aus allen dort gemachten Erfahrungswerten kann ich bestätigen: Nichts geht ohne Teamarbeit und Sozialkompetenz! Durch die eigene Erfahrung und den Austausch mit vielen Einsatzkräften anderer Organisationen kann ich allerdings auch bestätigen, dass für diese so wichtigen Faktoren im Bereich der Ausbildung zu Einsatzkräften leider gar nichts oder viel zu wenig getan wird. Aus diesem Grund beschäftige ich mich seit 2006 mit der Thematik »Teamentwicklung und Sozialkompetenz bei Einsatzkräften« und habe mit Unterstützung der Berufsfeuerwehr Mülheim an der Ruhr diverse Feldversuche, Studien und Projekte zur Teamentwicklung und Förderung von Sozialkompetenz durchgeführt.

Von allen Einsatzkräften, die diese Maßnahmen aktiv als Teilnehmer oder passiv als Ausbilder und Beobachter durchlaufen und begleitet haben, kam durchweg die positive Rückmeldung, wie wertvoll die gewonnenen Erfahrungswerte und wie wichtig und erforderlich Entwicklungsmaßnahmen als Teil der Fachausbildung zu Einsatzkräften sind. Aufgrund dieses großen positiven Zuspruchs und meiner Motivation in diesem Bereich weiter zu forschen und die dortigen Erkenntnisse als eine realistisch umsetzbare Ausbildungseinheit näher zu bringen, entstand dieses Buch in seiner ersten Auflage.

Das Buch soll die Grundzüge der Teamentwicklung und Sozialkompetenz vermitteln und anhand von praktischen Beispielen zeigen, wie verantwortliche Ausbilder zielführend und überzeugend Teamentwicklungsmaßnahmen in die Ausbildung integrieren können. Darüber hinaus soll dieser leider bisher vernachlässigten Thematik in der Ausbildung von Einsatzkräften von der Mannschafts- bis zur Führungsebene mehr Gewicht verliehen werden.

Ich möchte mit diesem Buch zur Nachahmung unter Berücksichtigung der Sicherheitsfaktoren animieren und somit zur Weiterentwicklung dieses Feldes motivieren. Gerade unter der Thematik »Motivation für das Ehrenamt und dem Berufsfeld der Einsatzkraft« nimmt die Rolle der Teamentwicklung und Sozialkompetenz einen größeren Stellenwert ein als manch einer vielleicht vermutet.

Deshalb meine Bitte an die Leserschaft: Setzten Sie sich selbstkritisch mit dieser Thematik und der Frage auseinander: »Was wird aus Ihrer Sicht derzeit für die Teamentwicklung und die Förderung der Sozialkompetenz für Einsatzkräfte getan?« Vielleicht haben Sie ja die Möglichkeit eigene Maßnahmen zur Entwicklung und Förderung in diesem Bereich durchzuführen oder können Erfahrungswerte beitragen. Ich würde mich freuen, mich mit Ihnen auszutauschen, um somit dieses Feld in der Ausbildung von Einsatzkräften weiter zu entwickeln und zu fördern!

Ich bedanke mich an dieser Stelle ausdrücklich bei der Berufsfeuerwehr Mülheim an der Ruhr für die Möglichkeit und das entgegengebrachte Vertrauen zur Durchführung meiner Projekte in diesem Bereich und Herrn Prof. Dr. phil. Harald Karutz (Dipl.-Pädagoge) für den fachlichen Austausch, den wertvollen Diskussionen und der Erstellung des Geleitwortes! Ich bitte auch um Beachtung der Danksagung am Ende dieses Buches, da ohne die Unterstützung der genannten Personen die Erstellung des vorliegenden Werkes nicht möglich gewesen wäre.

Mülheim an der Ruhr im März 2018,
Michael Lülf

Inhaltsverzeichnis

Inhaltsverzeichnis

Hinweis zur gendergerechten Sprache

Der folgende Text meint Frauen und Männer gleichermaßen, aufgrund der besseren Lesbarkeit wird jedoch durchgehend die männliche Form verwendet. Dies soll jedoch nicht den Eindruck vermitteln, dass Frauen dadurch benachteiligt werden.

Einleitung

Die Ausbildung von Feuerwehrangehörigen, Angehörigen von Hilfsorganisationen oder dem Technischen Hilfswerk – zusammengefasst: von allen Einsatzkräften – gliedert sich in der Regel in unterschiedliche Lehrgänge und Laufbahnen auf. Dies ist unter anderem auch abhängig davon, ob es sich um eine ehrenamtliche Ausbildung (Ausschuss Feuerwehrangelegenheiten, 2012) oder um eine berufliche Ausbildungsmaßnahme (Kommunales, 2015, 2016a und 2016b) handelt und welche Schwerpunkttätigkeit die Einsatzkraft später übernehmen möchte.

Als Gemeinsamkeit lässt sich feststellen, dass Einsatzkräfte unterschiedlicher Rettungsbranchen sogenannte Grund- oder Basislehrgänge durchlaufen. Sie dienen dazu, das erforderliche Grundwissen über die Organisationsform und das Aufgabenfeld zu erlernen. Danach folgen in der Regel Aufbau- und Speziallehrgänge in unterschiedlichen Ausprägungen und Prüfungsformen.

Im Bereich von Feuerwehren gibt es beispielsweise aufgrund der unterschiedlichen Tätigkeitsbereiche in den einzelnen Laufbahnen drei unterschiedliche Ausbildungen, um dem jeweiligen Anforderungsprofil gerecht zu werden. Trotzdem haben alle drei Laufbahnausbildungen eine gemeinsame Basis: die feuerwehrtechnische Grundausbildung. Sie dauert fünf Monate und wird von allen Laufbahnbewerbern durchlaufen. Erst danach folgen funktions- bzw. laufbahnspezifische Ausbildungsabschnitte.

Die feuerwehrtechnische Grundausbildung, unabhängig davon ob sie hauptberuflich ausgeführt oder ehrenamtlich absolviert wird, ist somit der Einstieg in die professionelle Feuerwehrausbildung. Sie hat in der Regel eine Teilnehmerzahl von 10–20 Personen (Stallmeyer, 2007).

Die Grundausbildung wird nach entsprechenden Rahmenvorschriften durchgeführt und gibt den Ausbildungsstellen und deren Ausbildungsleitern einen gesetzlich bindenden Rahmen, in dem mittels eines Stoffplanes Themengebiete festgesetzt werden. Die Ausbildungsleiter können sich in diesem Rahmen frei bewegen und die Ausbildung standortspezifisch definieren. Ihnen bleibt also ein gewisser Handlungsspielraum auf Basis eines Stoffverteilungsplanes, um die erforderlichen Inhalte aus Normen, Gesetzen und Vorschriften in die Ausbildungspraxis umzusetzen. Dieser Sachverhalt lässt sich nahezu analog auf die Ausbildung im Rettungsdienst oder dem Technischen Hilfswerk übertragen. Somit ist die Vermittlung von Fachkompetenzen für Einsatzkräfte in allen Bereichen geregelt. Wie sieht es aber mit der Vermittlung der sozialen Kompetenz aus?

Sozialkompetenz wird einerseits immer gefragter und somit immer mehr gefordert, andererseits kann sie nicht als selbstverständliches Ergebnis gesellschaftlicher Erziehungs- und Sozialisationsprozesse vorausgesetzt werden – das Vertrauen auf eine gelungene Sozialisation wird daher ersetzt durch die Erwartung an die Wirksamkeit organisierter Lehr- und Lernprozesse (Euler, 2001).

Leider werden zur Förderung von sozialer Kompetenz und Teamentwicklung keine oder nur marginale Hinweise in den einschlägigen Rahmenvorschriften, egal welcher Rettungsbranche, gegeben. Die Mehrzahl der Ausbilder wird sich mit dieser Thematik kaum beschäftigt haben, weil es der Ausbildungsplan nicht vorsieht, sie es nicht anders kennen oder der Spielraum für ergänzende Ausbildungsthemen in der Regel aufgrund der Fülle des zu vermittelnden Stoffes nicht gegeben ist. Indes: Alle Einsatzkräfte ärgern sich darüber, wenn sich andere Einsatzkräfte in Situationen sozial inkompetent oder teamunfähig verhalten und dies im schlimmsten Fall öffentlich gemacht wird!

Eine der meist gestellten Fragen in Personalauswahlgesprächen bei Feuerwehren, im Rettungsdienst bei Hilfsorganisationen oder dem Technischen Hilfswerk lautet: »*Sind Sie teamfähig?*« Die Bedeutung des Teams lässt sich alleine schon daran erkennen, dass die kleinste taktische Einheit der Feuerwehr einen Trupp darstellt, der aus zwei oder ggf. auch aus drei Personen besteht. Ein »Einzelkämpfertum« ist ausgeschlossen. Gerade im Feuerwehr-, aber auch im Rettungsdienstbereich ist es unerlässlich, dass sich Kollegen im Einsatz »blind« aufeinander verlassen können. Schließlich begeben sie sich gemeinsam in Situationen, die für sie selbst und andere unter Umständen lebensbedrohlich sind. Folgerichtig wird besonderer Wert darauf gelegt, dass Einsatzkräfte teamfähig sind und in extremen Stresssituationen zusammenarbeiten können.

Mit der Einführung des Notfallsanitäters sind mit der Thematik »Kommunikation, Kooperation und Interaktion« erstmalig Ausbildungsinhalte in eine Ausbildungsverordnung aufgenommen worden, die der Vermittlung und Förderung von sozialer Kompetenz und Teamentwicklung Rechnung tragen (Ministerium für Gesundheit, 2016).

Wie aber wird herausgefunden, ob Einsatzkräfte teamfähig oder sozial kompetent sind und wie kann ihnen ggf. Teamfähigkeit und soziale Kompetenz vermittelt werden?

Dieses Buch soll genau diese Frage und die Thematik der Teamentwicklung sowie der sozialen Kompetenz im Bereich der Ausbildung von Einsatzkräften beleuchten und erklären. Es stellt Methoden und Konzepte zur Vermittlung und Förderung von Teamfähigkeiten und sozialer Kompetenz vor, die speziell auf die Bedürfnisse von Einsatzkräften abgestimmt sind. Theoretische Ansätze werden erklärt und die praktische Umsetzung gezeigt. Dabei basieren die Ausführungen auf Erkenntnissen und Erfahrungswerten aus Teamentwicklungsstudien mit entsprechenden Evaluationen, die über einen Zeitraum von mehr als zehn Jahren in diesem Bereich geführt wurden. Der Autor nimmt einen Ausbildungsbereich in den Fokus, der leider bisher nicht die Aufmerksamkeit erhält, die er aufgrund des Anforderungsprofils an Einsatzkräfte erhalten sollte. Das Buch kann somit als Basisleitfaden für Einsatzkräfte und insbesondere Führungskräfte gesehen werden, um Teamentwicklung und soziale Kompetenz bewusst in die Ausbildung zu integrieren.

1 Die Bedeutung von Teamfähigkeit

1.1 Team als Trendsetter und Notwendigkeit

Es ist ohne relevante Bedeutung, welche Berufssparte betrachtet wird. Die Forderung nach Teamfähigkeit oder dem Arbeiten mit Teams ist in den meisten Berufszweigen vertreten und wird auch nahezu in jeder Stellenausschreibung oder Mitgliederwerbung bzw. Tätigkeitsbeschreibungen als Forderung formuliert.

Dies ist auch gängige Praxis in Tätigkeitsbereichen von Feuerwehren, den Hilfsorganisationen und dem Technischen Hilfswerk. Aber nicht, weil es ausschließlich um ein Trendsetting geht, sondern vielmehr weil es notwendig und begründbar ist.

Sowohl durch die Struktur des Berufsstandes als auch durch das Berufsethos ist die Teamarbeit bereits tief im Kern der Feuerwehr, des Rettungsdienstes und des Technischen Hilfswerks impliziert. Es wird von allen Seiten, seien es Berufskollegen, Dienstvorgesetzte bis hin zum Dienstleistungsempfänger – dem Bürger – erwartet, dass alle Mitarbeiter dieser Institutionen miteinander handeln und somit zusammen als Team ihre Funktion erfüllen können. Diese Tatsache erzeugt einen subjektiv sehr großen Druck auf die Ausbilder und Personalentwickler.

Das Vorweisen von Fach- und Sachkunde bedarf ein hohes Maß an Spezialwissen, welches den Mitarbeitern und auch Ehrenamtlern in Form von Ausbildung und Lehrgängen vermittelt werden muss. Selten werden Probleme von hoher Komplexität jedoch alleine durch Individualisten gelöst. Viel häufiger können komplexe Probleme nur durch das gemeinsame Überlegen mehrerer Personen überblickt und mithilfe von Fachgesprächen und Diskussionen gelöst werden.

Die rasante Entwicklung der Informationstechnik hat auch eine Verhaltensänderung des Menschen bewirkt. Aufgrund der vielfältigen Nutzungsmöglichkeit sogenannter »Sozialer Netzwerke« findet auch eine Abnahme der direkten persönlichen Kontakte statt. Direkte Face-to-Face-Konversation wird immer seltener praktiziert. Dies führt auch dazu, dass das Bedürfnis nach Zugehörigkeit und Beziehung steigt (Keppler, 2016). Dieser Umstand spiegelt sich auch darin wieder, dass die Anbieter von »Sozialen Netzwerken« entsprechend reagieren und Funktionen wie »Gruppe« oder »teilen mit…« in ihren Medien integriert haben.

Werden zum heutigen Zeitpunkt Pausenzeiträume zwischen zwei Unterrichtsstunden, Seminar- oder Vorlesungseinheiten betrachtet, so werden immer weniger Konversationen zwischen Menschen beobachtet und stattdessen immer mehr Aktionen mit dem Smartphone registriert.

Auch aus diesem Grund, weil sie alles andere als selbstverständlich geworden ist, ist Teamarbeit und Teamfähigkeit heute mehr denn je eine Eigenschaft, die es im Rahmen von Einstellungsverfahren und Eigenschaftsbeschreibungen hervorzuheben und zu fördern gilt.

1.2   Der Begriff »Team«

Auch wenn es unbestreitbar scheint, dass Teamarbeit eine zentrale Bedeutung in der Tätigkeit von Einsatzkräften einnimmt, ist der Begriff selbst nicht so einfach zu definieren. Es stellen sich die Fragen, was ein Team ausmacht und ab wann man von einem Team sprechen kann? Eine allgemein gültige und abschließende Definition des Begriffes ist jedoch nicht möglich, da der Begriff immer in einem bestimmten Kontext zu sehen ist und sich stetig weiterentwickelt. Für die Teambeschreibung aus Sicht der Einsatzkräfte kann folgende Umschreibung hilfreich sein:

Ein Team ist ein Zusammenschluss von Menschen, die nach (Bender, 2015):
- aufgrund ihrer möglichst effizienten Zusammenstellung extrem leistungs-fähig sind,
- zielorientiert agieren und sinnvoll koordinieren
- verantwortungsbewusst sind,
- einen partnerschaftlichen Umgang miteinander pflegen,
- aufgrund ihrer individuellen Stärken die Schwächen innerhalb ihres Zusammenschlusses kompensieren und somit Synergieeffekte nutzen,
- aufrichtig diskutieren und dabei respektvoll miteinander umgehen,
- sich als »Wir« verstehen und nicht als »Ich«,
- und ihre eigenen Verhaltensregeln für den Zusammenschluss im Team festlegen.

Ein Team versteht sich als »Wir« und nicht als »Ich«!

1.3   Voraussetzungen für die Bildung eines Teams

Die Teamentwicklung wurde in der Vergangenheit häufig untersucht und mit diversen Experimenten beobachtet. Dabei wurden Eigenschaften und Verhaltensweisen beobachtet, die sich ähnelten und die mittlerweile als Merkmale eines Teams angesehen werden können (Rosini, 1996). Somit können die wichtigsten Bedingungen und Merkmale wie folgt beschrieben werden.

Kommunikation und Interaktion

Teammitglieder müssen die Möglichkeit haben, einen direkten Kontakt aufzubauen. Sie müssen Face-to-Face-Kommunikation betreiben können. Nur so können partnerschaftliche bzw. freundschaftliche Beziehungen entstehen, die auch auf der Sachebene zu einem effektiven Ergebnis führen. Allerdings sei angemerkt, dass nicht allein die direkte Kommunikation auch dem Erfüllen eines Teammerkmales entspricht. Vielmehr stellt die Kommunikationsfähigkeit und die Kommunikationsmethode in Verbindung mit der Face-to-Face-Kommunikation eine Voraussetzung für die Teambildung dar. Daher muss auch gewährleistet sein, sofern es im Einzelfall erforderlich ist, die Kommunikationsfähigkeit zu schulen.

Persönliche Motivation

Der Mensch hat das Grundbedürfnis, sich zu entwickeln und zu lernen. Dieses Bedürfnis endet erst mit dem Tod. Aus diesem Grund strebt der Mensch immer neue Ziele an, um sein eigenes Wesen und seine Wertvorstellungen zu erfüllen. Natürlich gibt es hier individuelle Unterschiede und alle Menschen haben eine eigene Auffassung von Selbsterfüllung. Trotzdem will im Grunde jeder Mensch etwas erschaffen und vollbringen (Buller, 1986). Demotivation lässt sich tendenziell eher auf die Sache und die Aufgabe selbst zurückführen als auf die Grundeinstellung der Teilnehmer.

Struktur

Ein Team braucht eine deutlich formulierte Teamstruktur. Also eine Zuweisung von Aufgaben und Rollen auf die einzelnen Teammitglieder. Der Mann fürs Grobe, der Mann fürs Feine, der Mann, der reden kann usw. Diese Aufteilung ist entscheidend für die Sinnhaftigkeit der persönlichen Aufgabe eines jeden einzelnen im Team selbst (Bender, 2015).

Gefühl

Die Menschen innerhalb eines Teams müssen ein gesundes und positives Grundgefühl gegenüber sich selbst, gegenüber der Sache und gegenüber ihren Gefährten haben. Nur so lassen sich Probleme und aufkommende Differenzen schnell und ohne Folgen für den emotionalen Bereich lösen.

Bild 1:   *Teammitglieder bei Abseilaktivitäten*

Umgebungsverhältnis

Ein Team benötigt eine klare Abgrenzung zu seiner Umwelt und somit auch zu anderen Teams. Dieser Schritt ist für die spätere Identifikation wichtig.

Akzeptanz

Die Teammitglieder werden erst dann zu einer Einheit, wenn sie sich gegenseitig respektieren und somit akzeptieren. Die Akzeptanz ist Grundlage für die Identifikation mit dem Team (Forster, 1978).

Gemeinsames Ziel

Ein Team braucht eine Aufgabe. Ohne ein klar formuliertes Ziel ist ein Team dauerhaft nicht lebensfähig.

1.4   Vorteile und Nachteile des Teams

Um über Teamfähigkeit und Teams zu sprechen oder gar diese Eigenschaften zu fordern oder im Rahmen von Ausbildungsmaßnahmen hervorheben zu wollen, muss man sich auch über die Vor- und Nachteile der Teamstruktur bewusst sein sowie Kenntnisse über deren Grenzen besitzen. Als allgemein anerkannte Vorteile projiziert auf Einsatzkräfte können folgende Punkte bezeichnet werden.

Bessere Nutzung von Fachwissen
Durch unterschiedliche berufliche Vorbildungen oder Spezialisierungen der einzelnen Teammitglieder kann ein umfassenderes Wissen im Team abgedeckt sein. So kann z. B. ein Feuerwehrmann, der sich in dem Bereich der Höhenrettung spezialisiert hat, dieses Wissen in Übungen oder im realen Einsatz an seine Teammitglieder und Kollegen weitergeben.

Besserer Nutzung von Erfahrungswerten
Ebenso wie das Fachwissen können auch Erfahrungswerte im Team ausgetauscht werden. Teammitglieder, die aufgrund bereits erlebter Einsatz- oder Berufssituationen konkrete Beispielsituationen erfahren haben, können die daraus gewonnenen Erkenntnisse einbringen und ggf. Fehlern zuvorkommen.

Perspektivwechsel
Durch den Perspektivwechsel, den man in der Teamarbeit erhält, lassen sich vielfältigere Ideen und Lösungsansätze finden (Neumann, 1974).

Sachlicherer Lösungsfindung
Die emotionale Steuerung bei Lösungsprozessen rückt durch die Diskussion weniger in den Vordergrund. Durch den Einbezug vieler Meinungen kann eine objektivere Lösungsfindung gelingen. Dies ist eine Ausgleichungsfunktion, die bewirkt, dass das Risiko für Fehlentscheidungen beträchtlich reduziert wird (Hill et al., 1989).

Größere Flexibilität
Das Team kann bei Veränderungen der Aufgabenstellung und des Umfelds mit größerer Flexibilität reagieren, da durch den Austausch der Teammitglieder ein größerer Einfallsreichtum vorliegt (Katzenbach und Smith, 1993).

Persönliche Weiterbildung

Die Arbeit im Team erfordert Kontaktaufnahme zu anderen Teammitgliedern. Sie fordert und fördert Toleranz und das Führen von Diskussionen. Sie fordert und fördert ebenfalls die Akzeptanz anderer Meinungen und auch die Durchführung von Entscheidungen und Lösungswegen, die ggf. nicht dem eigenen Ursprung entsprechen. Sie kann somit auch in Summe die Rückstellung extremer individualistischer Persönlichkeitseinstellungen erfordern, die ein Mensch in einem nicht teamorientierten Entscheidungsprozess intensiver ausgelebt hätte. Somit ist Teamarbeit auch ein Veränderungsprozess der Persönlichkeit und – je nach Ausprägung – auch ein Teil der Erwachsenenbildung (Schneider und Knebel, 1995).

Gegenseitige Inspiration

Die Teammitglieder können sich untereinander inspirieren. Dadurch gestaltet sich die Lösung von Problemen flexibler. Kreative Teammitglieder inspirieren intelligente Mitglieder (Höhler, 1990).

Motivation der Teammitglieder

Aufgrund des gemeinschaftlichen Lösungsprozesses identifizieren sich die Teammitglieder stärker mit dem Problem und der gemeinsam erarbeiteten Lösung. Das wiederum kann durchaus motivationssteigernd sein und zu mehr Arbeitszufriedenheit führen (Schneider und Knebel, 1995).

Die Ableitung aus der Summe aller Vorteile führt zum Ergebnis, dass aufgrund der vielen gemeinschaftlichen Prozesse auch eine Vertrauensebene geformt wird, die somit wiederum kaum Platz für Mobbing-Aktivitäten lässt.

 Ein funktionierendes Team mindert die Mobbinggefahr.

Ein Vorteil kann nicht ohne einen Nachteil existieren. Somit gibt es auch Punkte, die als Nachteil für einen Teamprozess gewertet werden können.

Organisationsaufwand

Um eine funktionierende Teamarbeit zu ermöglichen, bedarf es im Vorfeld einen erhöhten organisatorischen Aufwand. Die Teamarbeit muss geplant, durchgeführt und ggf. überwacht werden.

Zeitaufwand

Da der Organisationsaufwand bei der Teamarbeit höher ausfällt, ist auch der Zeitaufwand bedeutend höher als bei Einzelarbeiten.

Konformitätsdruck

Es besteht die Gefahr, dass ein zu hoher Konformitätsdruck entsteht, der durch die Übernahme von Normen und Verhaltensweisen der anderen Teammitglieder entstehen kann. Dies kann sich auch leistungsmindernd auswirken – dieser Effekt wird auch als Groupthink-Effekt bezeichnet (Schneider und Knebel, 1995).

Differenzen innerhalb des Teams

Je nach Zusammenstellung des Teams kann es natürlich bei stark gegensätzlichen Teammitgliedern auch zu belastenden Verhältnissen kommen, insbesondere wenn ein Teammitglied aus seiner Sicht überhaupt nicht oder zu wenig mit seinen Ideen und Vorschlägen im Team Zustimmung findet.

Grundsätzlich ist festzustellen, dass bei der Abwägung der Vor- und Nachteile die positiven Faktoren in ihrer Gewichtung überwiegen und die negativen Faktoren vermeidbar oder ggf. kompensationsfähig sind.

1.5   Teaminterne Einflussfaktoren

Ein Team kann nur funktionieren, indem es ständig kommuniziert. Hierbei ist nicht wichtig, ob die Kommunikation verbal oder nonverbal durchgeführt wird. Es ist ein Trugschluss anzunehmen, dass sich eine Person durch Zurückhaltung in Teamprozessen nicht an einer Entscheidung beteiligt. Gerade die passive Haltung verschafft den aktiven Mitgliedern Raum für Entfaltung der eigenen Position im Team und somit auch Raum für Entscheidungen. Der fehlende Wiederspruch bei der Darstellung einer These und die daraus resultierende Entscheidung ist gleichzeitig die Zustimmung zur These selbst. Somit gibt es keine unbeteiligten Teammitglieder. Jeder beeinflusst jeden.

Damit das Zugehörigkeitsgefühl in einem Team schnell wächst, ist es zwingend erforderlich, dass jeder Teilnehmer sich über seine eigene Bedeutung im Team bewusst wird. Es muss ihm mitgeteilt werden, warum er im Team ist und welche Fähigkeiten und Kompetenzen an ihm geschätzt werden. Dieser Aspekt steigert auch die Selbstachtung, die wiederum Voraussetzung für die Anerkennung der Teambildungsmaßnahme ist und die Gewissheit gibt, etwas Sinnhaftes zu vollbringen.

Solche Botschaften können gut in Motivationsreden oder Initialansprachen transportiert werden.

1.6   Gleichgewichtsstreben eines Teams

Es liegt in der Natur eines Systems, dass alle Prozesse den Zustand des Gleichgewichts suchen. Dies gilt für nahezu alle Bereiche, in denen Systemtheorien zum Tragen kommen, ob in der Chemie, in der Physik oder auch in der Menschheit.

Der Mensch will ein Gleichgewicht schaffen, in dem er sich wohlfühlt. Dieses strebt er sowohl im familiären als auch im beruflichen Umfeld an. Alles, was aus seiner Sicht nicht »seiner« Vorstellung von Gleichgewicht entspricht, empfindet er als unnormal. Aus diesem Grund stellt die Umstellung auf eine neue Umgebung z. B die Ankunft in einer neuen Gruppe, zunächst eine große Herausforderung an den Teilnehmer dar. Da dieser aus seinem gewohnten Umfeld entfernt wird, kommt er aus seinem Gleichgewicht und empfindet die Situation als befremdlich und abweisend. Insbesondere der Wechsel aus einem bestehenden Berufs- oder Ausbildungsalltag in die Grundausbildungslehrgänge der Einsatzkräfte ist zunächst für alle Teilnehmer eine völlig neue, kontrastreiche Erfahrung und Situation. Hier gelten andere Normen und Regeln, an die es sich anzupassen gilt. Nicht zuletzt die starke Autorität der Ausbilder und die akribische Struktur der Abläufe erfordern eine Umstellung der Teilnehmer. Sie müssen erst das Gleichgewicht in dieser neuen Umgebung und in dieser neuen Gruppe finden, um sich wohl zu fühlen und effektiv teilzunehmen.

Auch das Team selbst ist ein geschlossenes System, das nach Gleichgewicht sucht. Differenzen oder Strukturfehler innerhalb des Teams müssen ausgeglichen werden. Dies kann bewusst oder auch unbewusst von den Teammitgliedern ausgehen. So ist es denkbar, dass jemand, der eigentlich kein aktiver Führer ist, in einem Team ohne Führung plötzlich die Führung übernimmt. Nicht weil er es unbedingt aus eigener Überzeugung möchte, sondern weil es die Teamsituation erfordert oder der Gruppendruck des Teams ihn dazu bringt (Bender, 2015).

2 Entwicklungsphasen und Kompetenzfelder bei Teamprozessen

Ein Team muss sich erst zu einem Team entwickeln. Es ist nicht mit seiner Zusammenstellung bereits ein Team und fühlt sich auch nicht wie eins. Es unterliegt einem Entwicklungsprozess, wie jede Art von Beziehung und Partnerschaft. Diese Entwicklung benötigt Zeit und auch gegenseitige Erfahrungswerte, die wiederum Entscheidungen und Identifikationen zum Team festigen. Grundlegend können in solchen Prozessentwicklungen phasenweise Beobachtungen (Tuckman, 1965) angestellt werden, die auch bei den in dem Kapitel 4 beschriebenen Ausbildungsveranstaltungen gemacht werden können. In der allgemeinen Fachliteratur zur Teamentwicklung beschreiben die Autoren den Bildungsprozess häufig in vier Phasen. Ob diese nun »Forming, Storming, Norming und Performing« (Wahren, 1994) genannt werden oder »Initiierung, Konfrontation, Organisation, und Integration« (Becker, 1994), so ähneln sie sich doch alle inhaltlich.

Von der zehnjährigen Beobachtung des Teamentwicklungsprozesses bei Einsatzkräften ausgehend ist jedoch eine Aufteilung der Phasen in fünf Bereiche zu beobachten, die daher im Folgenden genauer beschrieben werden.

2.1 Entwicklungsphasen eines Teams

Die Initialphase

In dieser Phase trifft das Team der Einsatzkräfte erstmalig aufeinander. Hier findet zunächst das gegenseitige Kennenlernen statt. Es wird abgeprüft, wer über welches Wissen, welche Fähigkeiten oder Hobbies und somit Gemeinsamkeiten verfügt. Die Aufgabe des Teams wird analysiert und ein erster Schritt zur Problemlösung wird gegangen. Die Teammitglieder stellen jedoch noch jede Menge Differenzen zueinander fest, die die Problemlösung erschweren und noch keine gemeinsame Arbeitsmethode zulassen. Insgeheim strebt möglicherweise auch der Teilnehmer danach, das Team am liebsten wieder zu verlassen und in sein gewohntes Gesellschaftsumfeld zurückzukehren. Ein »Wir«-Gefühl ist in dieser Phase noch nicht zu erkennen (Schneider und Knebel, 1995).

Die Konfrontationsphase

Die Teilnehmer versuchen, ihren Platz in der Gruppe zu finden. Durch ggf. festgestellte Ähnlichkeiten und Übereinstimmungen sind die Teilnehmer bestrebt, Beziehungen zueinander aufzubauen. Es ist auch ein gewisses Statusverhalten zu beobachten, wie z. B. dass Teilnehmer ihren Status als Fachmann oder Praktiker hervorheben und verteidigen. Sie wollen um jeden Preis ihr Image waren, um ihren Platz in der Gruppe zu finden oder zu festigen. Dies geschieht am besten durch ein persönliches Erfolgserlebnis in der Gruppe, deshalb sind hier häufig auch Bestrebungen zu beobachten, die mehr dem eigenen Ego dienen als dem Team.

Dies erzeugt häufig Meinungsverschiedenheiten und Diskussionen. Je nach Intensität kann auch an der Teamzusammenstellung und am Sinn des Teams gezweifelt werden.

Darüber hinaus ergeben sich häufig Diskussionen über die Arbeitseinstellung zur Lösung der Aufgabe (Schneider und Knebel, 1995). Abzuleiten an Aussagen wie: »Warum machst du das jetzt, ich kann es besser!«

Die Organisationsphase

Die Diskussionen wandeln sich in dieser Phase zu Dialogen. Es herrscht zwar immer noch in bestimmtem Punkten Uneinigkeit, der gemeinsame Nenner ist jedoch bedeutend größer geworden. Es ist häufiger eine gemeinsame Orientierung auf dem Weg zur Problemlösung zu erkennen. Ziele können klarer formuliert werden (Francis et al., 1992). Konflikte wollen vermieden werden. Es sind sehr häufig Schlichtungsprozesse und moderationstechnische Ansätze zu erkennen, die eine emotionale Diskussion aus den ersten Prozessphasen vermeiden soll.

Es werden eigene Regeln im Team aufgestellt. Dies ist einer der ersten Schritte zum »Wir«-Gefühl. Identifikationsansätze sind zu erkennen.

Die Integrationsphase

Die Teilnehmer entsinnen sich auch der Fähigkeiten anderer Teilnehmer und bringen diese ins Spiel, sofern dieser sich nicht selbst eingebracht hat. Abzuleiten ist dieses Vorgehen an Aussagen wie: »Du bist doch Zimmermann, hast du nicht eine Idee, wie man das hier bauen könnte…!«

Die Teilnehmer werden kreativer. Ein Schlosser sagte zum Beispiel beim Bau einer Brücke: »Ich bin zwar kein Bauingenieur oder Brückenbauer, aber ich habe mal Schwerlastregale bauen müssen, da haben wir das so und so gemacht.«

Es entsteht gegenseitige Hilfsbereitschaft. Teilnehmer motivieren sich gegenseitig und geben Feedback nach erfolgter Aufgabenbewältigung. Der Umgang untereinander ist fair und sachlich.

Bild 2:   *Foto einer Standarte*

Es entsteht ein gegenseitiges Gefühl für Stärken und Schwächen. Das schafft wiederum Vertrauen zueinander. Es kann beobachtet werden, dass sich die Teilnehmer Kurznamen geben. Hier kann in der Regel ein deutliches »Wir«-Gefühl erkannt werden und der Identifikationsprozess hat stattgefunden (Schneider und Knebel, 1995).

Die Konsolidierungsphase
Die Teilnehmer haben sich gefunden. Sie fühlen sich als Team, denken und handeln wie ein Team. Sie finden geschlossen zu einer Lösung und lassen Konflikte von außen nicht auf den einzelnen kommen, sondern fangen diese als Team ab (Witt, 1999). Abzuleiten ist dies an Aussagen wie: »Nicht der Einzelne hat den Fehler gemacht, sondern wir als Gruppe haben das vergeigt!«

Es entsteht ein Zusammengehörigkeitsgefühl, welches auch noch Jahre nach dem Bildungsprozess erhalten bleibt. Die gemachten gemeinsamen Erfahrungen sind das Identifikationsmerkmal und halten die Teilnehmer gedanklich zusammen. Aber nicht nur gemeinsam gemachte Erfahrungen, z. B. in Form von erlebnispädagogischen Veranstaltungen, fördern den Identifikationsprozess. Auch externe Merkmale können dazu beitragen, wie z. B. das Gestalten und mit sich Führen einer Standarte. Diese wird offiziell und feierlich an das zu entwickelnde Team übergeben mit der Aufgabe, ihre Standarte überall hin mitzunehmen. Eine Seite der Standarte ist bereits mit der Teambezeichnung oder dem Lehrgangsnamen bestickt, die andere Seite kann nach erfolgreichem Abschluss der Lehrgangsmaßnahme von den Teilnehmern selbst gestaltet und bestickt werden. Meistens in Form von Teilnehmernamen und einem Mottospruch, der in der Regel während der Durchführung von Ausbildungsmaßnahmen entsteht. Später wird diese Standarte dann an einem Ort öffentlich aufgehängt. Sie kann später jederzeit durch die Teammitglieder betrachtet werden und gibt Gelegenheit, sich an die gemachten Erfahrungen zu erinnern.

2.2   Schlüsselkompetenzen

Betrachtungen des Berufszweiges oder auch der ehrenamtlichen Tätigkeit der Einsatzkräfte legen schnell die Komplexität dieses Fachbereichs offen. Es wird der engagierten Einsatzkraft neben einem hohen Anspruch an Fachwissen zudem noch ein großes Maß an Flexibilität in Bezug auf die Aufnahme neuen Wissens und eine kontinuierliche Fortbildung abverlangt. Ständig muss sie sich auf neue Rechtslagen

Bild 3:   *Teilnehmer beim Erlernen von Fachkompetenzen*

einstellen, neue Richtlinien und Vorschriften berücksichtigen, neue Techniken beherrschen und Taktiken anwenden.

Mit einer reinen fachlichen Grundqualifikation, die im Rahmen der Grundausbildung erworben wird, ist diesem Anspruch nicht mehr gerecht zu werden.

Hierzu sind allgemeine Fähigkeiten erforderlich, die im Grunde jeder Mensch in unterschiedlicher Ausprägung in sich trägt, die aber in der Personalentwicklung in der Regel eine untergeordnete Rolle spielen. Sie sind förderbar und ermöglichen dem Menschen einen qualifizierten Umgang mit seinem fachlichen Wissen, das effektive Erlernen von neuem Wissen und die Veränderung seines Handelns.

Die Rede ist von den sogenannten Schlüsselkompetenzen, konkret von:

- Sozialkompetenz,
- Methodenkompetenz,
- Fachkompetenz,
- und Individualkompetenz.

Eine Einsatzkraft ist somit idealerweise sozial, fachlich, methodisch und individuell kompetent.

Im Folgenden werden die Schlüsselkompetenzen näher erläutert, wobei der Schwerpunkt auf die Sozialkompetenz gelegt wird, da sie gerade im Tätigkeitsfeld der Einsatzkräfte über alle Laufbahnen und Dienstgrade hinweg eine große Rolle spielt:

Eine ideale Einsatzkraft ist sozial, fachlich, methodisch und individuell kompetent.

2.2.1 Sozialkompetenz

Eine wissenschaftlich eindeutige Definition des Begriffes Sozialkompetenz existiert nicht. Es gibt jedoch diverse Begriffsumschreibungen, die seit ca. 40 Jahren diskutiert und ständig neu umschrieben und weiterentwickelt werden (Jugert, 2013). Als Zusammenfassung dieser Beschreibungen kann Sozialkompetenz als ein Sammelbegriff für verschiedene Fähigkeiten bezeichnet werden. Konkret umfasst dieser das Wissen und die Fertigkeiten eines Menschen, die ihm die Möglichkeit geben, sich und sein Handeln mit den gesellschaftlichen Werten und den Werten einer Gruppe in Einklang zu bringen. Dazu benötigt er auch ein gewisses Reflexionsvermögen. Soziale Kompetenz wird auch häufig unter dem englischen Begriff der »soft skills« geführt, wenngleich dieser Begriff nicht als Übersetzung für den Begriff der Sozialkompetenz anzusehen ist.

2.2.1.1 Einflussfaktoren der Sozialkompetenz

Es gibt einige Fähigkeiten, die die Sozialkompetenz beeinflussen können. Aufgrund einer mangelnden eindeutigen wissenschaftlichen Definition gibt es auch über die absolute Zuordnung der Fähigkeiten keine Einigkeit. Die allgemein anerkannten und somit wichtigsten Fähigkeiten, die die soziale Kompetenz für Einsatzkräfte ausmachen, sind jedoch folgende:

Empathie
Sie ist die Fähigkeit und Bereitschaft, die Emotionen, Motive und Persönlichkeitsmerkmale anderer Personen zu verstehen. Sie löst Reaktionen wie Mitgefühl und Hilfsaktionen aus (Schneider und Knebel, 1995).

Führungskompetenz
Sie ist die Fähigkeit, Personen zu führen und zu leiten. Sie umfasst das Organisieren und Planen von Abläufen sowie deren Ausführung und Kontrolle. Aus diesem Grund gibt es gerade im Bereich der Führung von Einsatzkräften einen oft genutzten Führungskreislauf als Führungshilfe (Eisel, 1999), der nachfolgend in Abbildung 4 vorgestellt wird.

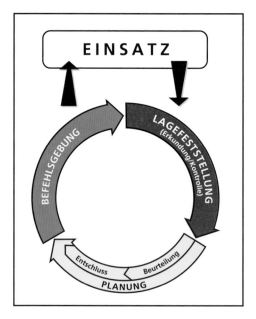

Bild 4: *Schematische Darstellung des Führungskreislaufes (Feuerwehr-Lehrbuch, 2017)*

Kommunikationsfähigkeit

Die Fähigkeit der verbalen und nonverbalen Verständigung zwischen Personen wird als Kommunikationsfähigkeit bezeichnet. Sie ist enorm wichtig, da ca. 40 % bis 80 % der durchschnittlichen Arbeitszeit mit der Kommunikation verbracht wird. Hierzu zählen Telefonate, Gespräche, Arbeitsgruppen und Besprechungen (Karg, 2006). Bei Führungskräften nimmt der Zeitraum der Kommunikation während der Arbeitszeit bis zu 90 % ein (Neuberger et al., 1996).

Darüber hinaus bringt der Kulturwandel eine neue Forderung nach mehr und intensiverer Kommunikation mit sich. Es geht mehr denn je um die Fähigkeit, mit anderen Kulturen und verschiedenartigen Menschen kommunizieren zu können (Rosenstiel).

Konfliktfähigkeit

Sie ist die Fähigkeit, Probleme im Umfeld und zwischen Kollegen anzusprechen, zu diskutieren und zu lösen. Sie schafft die Voraussetzung für eine gute Basis der Teamentwicklung (Eisel, 1999).

Kooperationsfähigkeit

Sie ist die Fähigkeit des Zusammenwirkens mehrerer Personen zur Erreichung eines bestimmten Zieles (Eisel, 1999).

Teamfähigkeit

Eine klare Definition gibt es für diesen Begriff nicht. Grundsätzlich jedoch ist Teamfähigkeit die Fähigkeit des Einzelnen, seine eigene Fähigkeit zielführend und gewinnbringend für das Team einzusetzen.

Anpassungsfähigkeit

Sie ist die Fähigkeit, sich (psycho-) sozial angemessen gegenüber anderen Menschen zu verhalten (Lasogga und Gasch, 2011) und eigene Bedürfnisse auch bei Bedarf zurückstellen zu können.

2.2.1.2 Lernbarkeit von sozialer Kompetenz

Grundsätzlich ist die soziale Kompetenz ein Bildungsprozess, der bereits in der frühkindlichen Erziehung beginnt und sich fortwährend entwickelt. Somit ist sie Teil eines Lernprozesses, der im Wesentlichen auch vom sozialen Umfeld (familiäre Beziehungen) beeinflusst wird (Euler, 2001). Es stellt sich daher eher die Frage, ob durch geeignete pädagogische Maßnahmen dieser Prozess beeinflussbar ist. Wenn in diesem Kontext von Beeinflussung gesprochen wird, dann stellt sich der Begriff »förderbar« im Vergleich zu »lernbar« als angemessener dar.

Es ist unstrittig, dass es einen Beeinflussungsfaktor auf den Lernprozess der sozialen Kompetenz gibt, jedoch ist er sowohl qualitativ als auch quantitativ nur schwer messbar.

Die Effizienz der Beeinflussung bleibt eine subjektive Einschätzung des Lernenden und des Lehrenden. Dennoch existieren diverse Ansätze zur nachhaltigen Beeinflussung der sozialen Kompetenz. Ein solcher Ansatz wird in den folgenden Kapiteln noch vorgestellt (siehe auch Kapitel 3).

2.2.1.3 Förderungsbedarf von Sozialkompetenz

Die Gesellschaft verändert sich ständig. Die Entwicklung der Medien und der Informationsstruktur erfordern ein Umdenken in vielen Bereichen. Der Veränderungsprozess ist z. B. erkennbar an der Technisierung von Arbeitsvorgängen. Es sind weniger menschliche Handlungen erforderlich, um Funktionsziele zu erreichen, als es noch vor einigen Jahren der Fall war. Es werden mehr Arbeitsgruppen gebildet. Gesprächskreise und Besprechungen werden häufig personell sehr weit gefasst, weil sichergestellt werden soll, möglichst viele Fachbereiche zu erreichen. Darüber hinaus werden Arbeitsprozesse transparenter gestaltet. Somit wird auch Laien ein immer größerer Einblick in die Tätigkeit der Einsatzkräfte geliefert. Die Einsatzkraft kommt immer mehr in den Zwang, alltägliche Arbeitsabläufe rechtfertigen zu müssen.

Durch die Rückentwicklung der echten Face-to-Face-Konversation geraten die sozialen und zwischenmenschlichen Verhaltensweisen, wie z. B das Begrüßen per Handschlag, in den Hintergrund.

Gerade Einsatzkräfte haben einen hohen Berührungsanteil mit anderen Kulturen, dies kann in Bezug auf das eigene Verständnis von sozialer Kompetenz und den mit ihr einhergehenden Verhaltensweisen zu Konflikten führen, da das eigene Verständnis sozialer Kompetenz unter Umständen dem der anderen Kultur widerspricht (Wittmann, 2005).

2.2.1.4 Grundregeln der Förderung von Sozialkompetenz

Die Beachtung einiger Grundsätze muss gewährleistet sein, damit soziale Kompetenz bei Einsatzkräften effektiv gefördert werden kann.

Begründung der Maßnahmen

Die Maßnahmen zur Förderung der sozialen Kompetenz müssen in einem erklärbaren Kontext zur Tätigkeit der Einsatzkraft stehen. Es muss ihr erklärt werden, warum diese Maßnahme gerade so wichtig ist und was sie bezweckt.

Beachtung des Umfeldes

Wie bereits während der frühkindlichen Erziehung das Umfeld einen Einfluss auf die soziale Kompetenz hat, so hat es dies auch bei späteren Maßnahmen. Deshalb muss das Umfeld des Lernenden berücksichtigt werden und insbesondere auch das Umfeld betrachtet werden, in dem die Maßnahmen durchgeführt werden sollen.

Beachtung der Vorbildfunktion

Ausbilder haben immer eine Vorbildfunktion. Sie müssen daher hinter der Maßnahme stehen, um sie glaubhaft zu ermitteln (Gros, 1994).

Bezug zur Realsituation herstellen

Je mehr Realsituationen in den Maßnahmen integriert werden, z. B. realistische Einsatzübungen, desto effektiver ist der Lerngehalt der Maßnahme zur Förderung der sozialen Kompetenz.

Durchführung regelmäßiger Maßnahmen

Eine Nachhaltigkeit zur Förderung sozialer Kompetenz kann erzielt werden, wenn die Maßnahmen regelmäßig durchgeführt werden. Einmalig durchgeführte Maßnahmen führen nicht zu einer nachhaltigen Förderung sozialer Kompetenz. Somit sind in der Gesamtbetrachtung von Förderungen einzelne Etappen erforderlich, bis von tatsächlicher und merkbarer Förderung von sozialer Kompetenz gesprochen werden kann.

Abwechslungsreiche Maßnahmen gestalten

Das Durchführen mehrerer Maßnahmen gleichen Typs, z. B. jährlich immer wieder neu beginnende Ausbildungslehrgänge, beinhalten das Risiko, dass sich Routinefehler einschleichen. Aus diesem Grund sollten sich die Lehrgänge zumindest teilweise unterscheiden.

2.2.2 Kompetenzfelder neben der Sozialkompetenz

Neben der wichtigen sozialen Kompetenz, die eine der Haupteigenschaften einer guten Einsatzkraft ausmacht, gibt es noch weitere benachbarte Eigenschaften, die in einem direkten Verhältnis zur sozialen Kompetenz stehen. Das Vorhandensein der folgenden Kompetenzfelder ist nicht zwangsläufig ein Indiz für die Koexistenzder sozialen Kompetenz in der Person der Einsatzkraft an sich. Die wichtigsten Kompetenzfelder neben der Sozialkompetenz der Einsatzkraft werden im Folgenden nur kurz beschrieben.

Methodenkompetenz
Sie ist die Fähigkeit, verschiedene Werkzeuge und Techniken effizient anzuwenden, um aktiv zu lernen und Gelerntes zu analysieren. Sie ist die Voraussetzung für eine Analysefähigkeit und Basis zur Erarbeitung von fachlicher Kompetenz und der Grundstein des Denkens in Zusammenhängen.

Fachkompetenz
Die Fachkompetenz umschreibt das Beurteilen und Bearbeiten von Problemen unter Zuhilfenahme von erlerntem und erfahrenem Fachwissen.

Individualkompetenz
Sie kontrolliert und steuert das eigene Handeln. Sie beschreibt gleichzeitig auch die Fähigkeit, sich selbst zu motivieren, um ein Ziel zu erreichen. Dies erfordert jedoch die Fähigkeit, sich selbst einzuschätzen, um sich weiterentwickeln zu können (Kauffeld, 2002).

Handlungskompetenz
Sie bildet sich aus den o. g. Schlüsselkompetenzen. Handlungskompetenz ist die Fähigkeit, sich in allen Lebenssituationen verantwortlich, rationell, sozial und individuell zu verhalten und sein eigenes Handeln auf das Verhalten abzustimmen (Referat Berufliche Bildung, 2011).

   Die meisten Schlüsselkompetenzen sind in der Regel in der Frühphase der menschlichen Entwicklung vermittelbar und lernbar. In der Spätphase des Lebens sind sie nur noch förderbar.

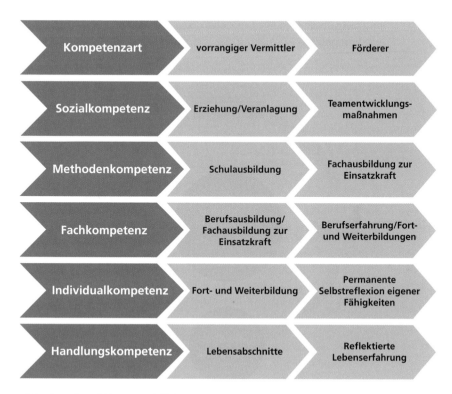

Kompetenzart	vorrangiger Vermittler	Förderer
Sozialkompetenz	Erziehung/Veranlagung	Teamentwicklungs-maßnahmen
Methodenkompetenz	Schulausbildung	Fachausbildung zur Einsatzkraft
Fachkompetenz	Berufsausbildung/Fachausbildung zur Einsatzkraft	Berufserfahrung/Fort- und Weiterbildungen
Individualkompetenz	Fort- und Weiterbildung	Permanente Selbstreflexion eigener Fähigkeiten
Handlungskompetenz	Lebensabschnitte	Reflektierte Lebenserfahrung

Bild 5: *Entwicklungsmodell der Kompetenzen mit ihren Vermittler- und Förderungs-faktoren nach Ansicht des Verfassers.*

Um eine gut vorbereitete Einsatzkraft in den Berufsalltag zu entlassen, sollten alle Schlüsselkompetenzen in der Ausbildung berücksichtigt werden.

Die Einsatzkraft in sozialer Kompetenz fördern.
Der Einsatzkraft Methodenkompetenz vermitteln.
Der Einsatzkraft Fachkompetenz vermitteln.
Die Einsatzkraft Individualkompetenzen erkennen lassen.
Die Einsatzkraft Handlungskompetenzen entwickeln lassen.

Es gibt neben den genannten noch mehr Eigenschaften, die je nach Perspektive ebenfalls als Schlüsselkompetenzen angesehen werden können. Auch für die Bereiche Feuerwehr, Hilfsorganisation und Technisches Hilfswerk ist diese Aufzählung nicht abschließend zu verstehen. Sie stellt vielmehr die Grundvoraussetzung für eine kompetente Einsatzkraft dar (siehe Bild 6).

Bild 6: *Kompetenzmodell der Grundvoraussetzungen für eine handlungskompetente Einsatzkraft*

Darüber hinaus gibt es unterschiedliche Theorieansätze zu dieser Thematik, von denen eine Vielzahl auf der Modellcharakteristik nach Mertens basieren.

Mertens hat die Unterscheidung zwischen fachlicher Qualifikation und Schlüsselqualifikation respektive Schlüsselkompetenz geprägt. Während die fachlichen Qualifikationen irgendwann veralten können, entwickeln sich die Schlüsselkompetenzen stetig weiter.

Abschließend bleibt festzustellen, dass sich Schlüsselkompetenzen nicht endgültig bestimmen lassen. Ihr Spektrum kann sich weiterentwickeln und die Bedeutung der einzelnen Kompetenzen je nachdem, wie sich die Arbeitsstellen zukünftig gestalten, verschieben. Während einige Schlüsselkompetenzen in weiten Bereichen erlernbar sind oder sein können, so ergibt sich bei anderen die Diskussion, ob sie überhaupt nachträglich erlernbar sind. Beim Erlernen von sozialer Kompetenz im Rahmen der Erwachsenenbildung prägend einzugreifen, ist äußerst schwierig und ein langwieriger Prozess.

Es ist eher anzunehmen, dass Sozialkompetenz nicht vermittelt, wohl aber gefördert werden kann (Karutz, 2015).

Für die Teamentwicklung ist diese Förderung von großer Bedeutung. Daneben müssen jedoch auch die Zielorientierung und die Eliminierung von Störeinflüssen beachtet werden, damit eine Optimierung der Zusammenarbeit im Team möglich wird.

Förderung der Sozialkompetenz
Maßnahmen, die das »Wir«-Gefühl stärken und aus den Teilnehmern ein echtes Team machen, zählen zur Förderung der Sozialkompetenz.

Zielorientierung
Wie soll welcher Arbeitsauftrag unter welchen Bedingungen oder mit welchen Hilfsmitteln erledigt werden?

Eliminierung von Störfaktoren
Störende Faktoren z. B. durch undiszipliniertes Verhalten können auf Dauer die Effizienz gefährden. Solche Störungen sollten durch aktives Lenken eingegrenzt werden. Auch unkollegiales Verhalten kann ein Störfaktor sein, den es durch entsprechende Gesprächsführung zu beseitigen gilt.

Teamentwicklung = Zielorientierung + Förderung der Sozialkompetenz – Störfaktor

3 Konzept und Voraussetzungen für das Teamtraining

Es gibt diverse Faktoren, die einen prägenden Einfluss auf soziale Kompetenz haben können: projektive Introspektion, authentische Erfahrungsschilderungen oder Konfrontation mit Betroffenen (echte Begegnungen!) und erlebnispädagogische Erfahrungen (Karutz, 2015). In diesem Buch liegt der Schwerpunkt auf der Beantwortung der Frage, wie Teamfähigkeit und soziale Kompetenz bei Einsatzkräften von Feuerwehren, Rettungsdiensten, Hilfsorganisationen oder dem Technischen Hilfswerk vermittelt respektive gefördert werden kann. Das Buch greift dabei auf den erlebnispädagogischen Ansatz von Kurt Hahn (Deutscher Politiker und Pädagoge (1886–1974)) zurück.

3.1 Erlebnispädagogischer Ansatz

Ausbildungsmaßnahmen mit einem erlebnisorientierten Inhalt sind Maßnahmen, die qualifiziert sind, sich das Erlebnis, das im Rahmen dieser Maßnahme erfahren wurde, positiv zu Nutze zu machen und somit eine erzieherische Einwirkung auf die Persönlichkeitsentwicklung des Menschen auszuüben (Jagenlauf, 1992).

Als Grundlage für den vorliegenden erlebnispädagogischen Ansatz wurden die Leitgedanken des Reformpädagogen Kurt Hahn zugrunde gelegt. Dieser gilt als Initiator der Erlebnispädagogik.

Viele Beobachtungswerte und Feststellungen Kurt Hahns lassen sich im Anwendungsfeld der Teamentwicklung bei Einsatzkräften wiederfinden, ebenso wie sich die von Hahn beklagten Defizite in Teilen auch bei Einsatzkräften erkennen lassen. Hierzu zählen Mangel an menschlicher Anteilnahme, an Sorgsamkeit, an körperlicher Tauglichkeit und Mangel an Initiative. Hahn hat mit seinen Methoden und seinem Konzept diesen Mängeln entgegen wirken wollen. Hierzu hat er Maßnahmen wie körperliches Training, Naturexpeditionen, Projekte und Dienste am Nächsten genutzt. Diese Maßnahmen lassen sich wiederum ideal in die Ausbildung von Einsatzkräften integrieren, da auch Ihre Daseinsberechtigung insbesondere mit dem Dienst am Nächsten eng verbunden ist.

Angelehnt an den Ansatz von Kurt Hahn besteht die in diesem Buch beschriebene Ausbildungsmethode im Wesentlichen aus naturnahen und sportlichen Aktivitäten, die in der Regel im Outdoorbereich stattfinden. Die Methode beinhaltet Projekte,

Touren, Aufgaben und Dienste und besteht vorwiegend aus gruppengesteuerten und gruppendynamischen Prozessen. Durch sie können in pädagogisch vertretbaren Ernstsituationen subjektive Ängste bei objektiver Sicherheit bewältigt werden. Es erfolgt ein ständiger Wechsel zwischen Aktion und Reaktion.

3.2 Das Konzept »Outward-Bound«

Der Begriff »Outward-Bound« stammt aus der englischen Marine und beschreibt den Zustand eines kriegsbereiten und zum Auslaufen vorbereiteten Schiffes, welches nur noch auf seinen Einsatzauftrag wartet.

Übertragen auf den Menschen versteht Hahn darunter die Qualifikation eines Menschen, der seine erfahrungspraktische Vorbereitung auf das Leben abschließt, um dann sein Leben eigenständig meistern zu können.

Hahn entwickelte eine Erlebnistherapie, die aus vier Elementen bestehen sollte:

- Rettungsdienst,
- körperliches Training,
- Projekt und
- Expedition.

Hinter dem Element Rettungsdienst (Küstenwache, Feuerwehr, Bergwacht und DRK) verbirgt sich die Hilfsbereitschaft des Menschen. Diese Komponente soll Verantwortung und Persönlichkeit fördern. Das körperliche Training soll die Kondition und Körperbeherrschung verbessern. Hier spielt auch die Erfahrung der Selbstüberwindung und Selbstentdeckung eine wichtige Rolle, wie sie zum Bespiel beim Abseilen von einem hohen Turm gegeben ist (Schwarz, 1968). Ziel ist es, Schwächen zu bekämpfen und Stärken zu verbessern.

Das Element des Projektes soll Phantasie, Kreativität und Forschungsdrang fördern. Insbesondere durch Abenteueraufgaben in der Natur können diese Eigenschaften gefördert werden.

Abschließend bleibt das Element der Expedition. Dieses soll den Willen zur Überwindung von Schwierigkeiten, Entschlusskraft und Selbstvertrauen steigern.

Die Gruppenprozesse im Rahmen der erlebnispädagogischen Ausbildung fördern neben den oben genannten Eigenschaften noch im Wesentlichen die Kameradschaft durch unauslöschliche Erinnerungen, die sich im späteren Leben nicht selten als eine Kraftquelle bewähren können (Hahn, 1959).

Das Erleben der Kameradschaft in der Gruppe, die Auswirkungen der Gruppenprozesse und das Auseinandersetzen mit der eigenen Person fördern die Selbstentdeckung, Selbstüberwindung, Kreativität und Spontanität der Teilnehmer eines solchen Prozesses.

3.3 Ziele und Eigenschaften der Ausbildungsübungen

Das Ziel der Gruppenübungen ist es, dass vor allem der affektive Bereich gefordert und gefördert wird. Deshalb sollen Grenzerfahrungen und Herausforderungen verursacht werden. Alle Aufgaben sollen zwar schwer, aber lösbar sein. Für kurze Zeit sollen physische und psychische Grenzwerte erfahren werden. Hier ist insbesondere die Kontrolle und Überwachung der Intensität wichtig.

Die Gruppenmitglieder sollen das Gruppenleben bewusst erleben und dadurch Gruppenverantwortung und Rücksichtnahme lernen. Sie sollen lernen und erfahren, die Schwächeren zu unterstützen. Sie sollen eben die Schlüsselkompetenzen fördern, die jeder von einer Einsatzkraft erwartet, aber wenige Rahmenlehrpläne und Ausbildungsinstitutionen fordern. Alle Übungen haben somit immer einen Bezug zur Realität und entsprechen dem Ethos der Einsatzkraft.

Der Teilnehmer soll physische und psychische Grenzwerte kontrolliert erfahren.

3.4 Anforderungen an die Ausbilder

Damit eine erlebnispädagogische Ausbildung auch effizient umgesetzt werden kann, bedarf es einer hohen menschlichen und fachlichen Kompetenz der Ausbilder.

Über die folgenden Eigenschaften sollten Ausbilder verfügen (Archan, 2002):

- Die Ausbilder müssen eine Vorbildfunktion vorleben.
- Die Ausbilder müssen Glaubwürdigkeit in Bezug auf Fertigkeiten, Kenntnisse und Führungsstil besitzen.
- Die Ausbilder müssen Grundlagenwissen über erlebnispädagogische Ausbildung vorweisen können.
- Die Ausbilder müssen Kenntnis und Einfühlungsvermögen besitzen, um Lehrgangsteilnehmer an ihre Grenzen zu führen ohne ihnen zu schaden.
- Die Ausbilder müssen Kenntnis darüber haben, wie man sinnvoll eine Reflexion durchführt.

- Die Ausbilder müssen die Fähigkeit besitzen, unvollkommenes und falsches Verhalten der Lehrgangsteilnehmer bis zu einem gewissen Grad aushalten zu können, damit die Gruppe ihre Fehler selbst feststellen, eine Lösung erarbeiten und den Fehler beheben kann.
- Die Ausbilder müssen einfache Moderationstechniken beherrschen und in der Lage sein, Gespräche innerhalb der Gruppe anzustoßen.
- Die Ausbilder müssen selbst die Fähigkeit besitzen, im Team zu arbeiten.
- Die Ausbilder müssen die Fähigkeit besitzen, die Teilnehmer zu beobachten.

Es kann nur so viel soziale Kompetenz gefördert werden, wie die Ausbilder mitbringen.

3.5 Anforderungen an die Teammitglieder

Damit eine Teamentwicklung überhaupt funktionieren kann, müssen die Teilnehmer natürlich auch Grundvoraussetzungen mitbringen. Jemand, der nicht in einem Team arbeiten möchte, wird auch nie Bestandteil eines solchen Teams sein. Die folgenden Eigenschaften sind nicht allumfassend und gelten somit auch nicht als normierte Werte. Trotzdem stellen sie die wesentlichen Anforderungen dar, die im Berufs- und Motivationsbild von Feuerwehren, Hilfsorganisationen und dem Technischen Hilfswerk gesehen werden können und deren Präsenz methodisch beobachtet werden sollte:

- Eine Einsatzkraft muss in der Lage sein, anderen Teilnehmern seine Gedankengänge zu erklären.
- Eine Einsatzkraft muss in der Lage sein, andere persönlich anzusprechen und zu respektieren.
- Eine Einsatzkraft muss Verständnis für die anderen Teammitglieder mitbringen.
- Eine Einsatzkraft muss in der Lage sein, auch Punkte zu nennen, die ihm nicht gefallen.
- Eine Einsatzkraft muss kompromissfähig sein.
- Eine Einsatzkraft muss gruppenintegrativ sein und sich somit freiwillig einer Gruppe zu- oder auch mal unterordnen können.

- Eine Einsatzkraft muss in der Lage sein, zu erkennen, dass das Erreichen des gemeinsamen Zieles wichtiger ist als das Erreichen des persönlichen Zieles.
- Eine Einsatzkraft muss in der Lage sein, seinen Wissensvorsprung gegenüber anderen Teammitgliedern zu teilen, um keinen Wissensvorteil zu »hamstern«.
- Eine Einsatzkraft muss in der Lage sein, flexibel zu reagieren, und auch mal einen eigenen Standpunkt aufgeben.
- Eine Einsatzkraft muss in der Lage sein, einen innovativen Lösungsweg zu gehen.
- Eine Einsatzkraft muss kritikfähig sein.

Teilnehmer, die den Kriterien nicht entsprechen, schaffen es nicht ein »Wir«-Gefühl aufzubauen. Sie sind nicht in der Lage, unproduktives Konkurrenzdenken zu unterdrücken und gruppendynamische Prozesse zu begleiten. Unkooperative Teilnehmer werden sich nicht an der Problemlösung des Teams beteiligen oder diese sogar boykottieren. Die Integration eines Auszubildenden, der die Grundvoraussetzungen nicht erfüllt, ist kaum möglich.

4 Methoden des Teamtrainings

Wie bereits zu Beginn festgestellt, wird in den Bereichen von Feuerwehren, den Hilfsorganisationen und dem Technischen Hilfswerk Fachwissen in Form von Lehrgängen transportiert. Oftmals sind in diesen Lehrgängen auch Teamfähigkeiten Inhalt des Lehrplanes. Die am häufigsten verwandte Methode der Durchführung eines Lehrgangs ist in der Regel der Frontalunterricht. Diese Methode ist – wie bereits erwähnt – zur Vermittlung von Schlüsselkompetenzen eher ungeeignet.

Aus diesem Grund werden im Folgenden zwei Methoden vorgestellt, die sowohl fachliche als auch soziale Qualitäten transportieren und auch im Ausbildungsbereich von Feuerwehren, den Hilfsorganisationen und dem Technischen Hilfswerk durchaus Anwendung finden können.

4.1 Gruppendynamisches Teamtraining

Das gruppendynamisch orientierte Teamtraining ist auch unter dem Namen »Gruppendynamisches Laboratorium« bekannt. Es wurde 1947 in den USA entwickelt und diente ursprünglich der Bekämpfung von Vorurteilen in staatlichen Einrichtungen. Neben der Entdeckung des Feedback-Prinzips ist hier das allgemeine Ziel die Förderung von sozialer Kompetenz.

Im Rahmen dieser Methode werden die Teilnehmer im ersten Schritt in Gruppen zu verschiedenen Zeitpunkten an einen störungsfreien Ort, fern von der eigenen Arbeits- oder Wohnstätte, zusammengebracht. Dort werden den Gruppen dann diverse Aufgabenstellungen zur Bearbeitung übertragen. Diese werden durch Trainer begleitet. Ziel ist nicht primär die Lösung der Aufgabe, sondern mehr das Kennenlernen des eigenen Verhaltens, die eigene Wirkung auf andere Teilnehmer zu sehen oder aufgezeigt zu bekommen und die Kommunikation untereinander neu zu erfahren, zu üben und so ein Stück soziale Kompetenz zu optimieren.

Im zweiten Schritt werden die Teilnehmer im Rahmen von z. B. Rollenspielen in eine Lebenssituation gebracht, die möglichst realistisch ist und die Möglichkeit bietet, dass der Teilnehmer hier konkrete Probleme lösen muss. Es können auch Situationen nachgespielt werden, die im beruflichen Kontext zum Rollenspieler stehen.

Ziel dieser Maßnahme ist es, die Erkenntnisse aus dem ersten Schritt hier anzuwenden.

Der Teilnehmer erhält ein Feedback über seine Rolle und sein Verhalten in der Rolle.

Grundlegend soll dieses Training folgende wesentliche Ziele erreichen:

- Stärken und Schwächen des eigenen Verhaltens besser kennenlernen
- Eigene Fehler erkennen und eingestehen können – sich selbst und auch anderen gegenüber
- Förderung des Gruppenbewusstseins
- Förderung der Einfühlungsfähigkeit in fremde Situationen (»Empathie«)
- Abbau von Vorurteilen – Ursprungsziel
- Toleranz und Verständnis für andere Teilnehmer und Lebenssituationen fördern
- Abbau von Berührungsängsten
- Verbesserung der Zusammenarbeit in der Gruppe

Abschließend kann festgestellt werden, dass diese Methode zwar eine Methode zur Förderung der sozialen Kompetenz darstellt, sie aber aufgrund der Entfernung zum eigentlichen Berufsfeld eher nur eine Wirkung im Rahmen der Laborsituation erzielt. Sobald die Teilnehmer in ihre berufliche Umgebung zurückkehren, verlassen sie ihre Rolle und legen häufig auch das erlernte Verhalten mit ihr ab. Dennoch ist diese Methode eine schnell einsetzbare und verhältnismäßig effektive Methode, um die Werte von sozialer Kompetenz zumindest kurzzeitig zu vermitteln.

4.2 Projektorientiertes Teamtraining (off-, near- und on-the-job)

Eine Methode, die in der Basis ähnlich ist wie das oben beschriebene Gruppendynamische Teamtraining, ist die Methode des projektorientierten Teamtrainings. Diese ist jedoch bedeutend nachhaltiger.

Das projektorientierte Lernen oder in diesem Fall das Training unterscheidet sich in einigen wesentlichen Punkte von der üblichen Lernmethodik in der Ausbildung bei Feuerwehren, den Hilfsorganisationen und dem Technischen Hilfswerk:

Es legt die Schwerpunkte auf verantwortungsbewusste Eigen- und Fremdorganisation, Planung, Eigeninitiative und Selbständigkeit.

Die Projektmethode hat weniger die detaillierten Feinziele einer Einzelarbeit eines Teilnehmers als Lernziel, sondern mehr die Bewältigung einer komplexen, realen Gesamtaufgabe unter Beteiligung vieler Teilnehmer in Form einer Gruppe. Hierdurch können die teilnehmerspezifischen Fachkenntnisse in die Gruppe eingebracht und Synergieeffekte genutzt werden (Schmidt-Hackenberg und Bundesinstitut für Berufsbildung, 1989).

Für den Tätigkeitsbereich von Feuerwehren, den Hilfsorganisationen und dem Technischen Hilfswerk ist es irrelevant, ob ein finanzieller Aspekt (hauptberuflich) oder eine ehrenamtliche Motivation den Ausgangspunkt darstellt.

Das Integrieren der Teamentwicklung in den Werdegang vom Berufs- oder Hobbyanfänger bis hin zum erfahrenen Durchführer ergibt eine mögliche Einteilung der Entwicklung in drei Phasen: die Einführungsphase, die Lernphase und die Umsetzungsphase.

Die Enführungsphase (»off-the-job«)

In der Einführungsphase (»off-the-job«) wird fernab vom Arbeitsumfeld ein gruppenspezifisches Training absolviert, in dem die Teilnehmer durch einen externen Trainer begleitet werden. Ziel ist es, den Teilnehmern zu ermöglichen, ihre Verhaltensweisen und Wirkungen auf sich selbst und ihre zukünftigen Teamkollegen zu erfahren. Verhaltensmuster sollen sich frei entfalten können, um später im Rahmen von Reflexionsrunden besprochen werden zu können. Die Phase dient dazu, die eigene soziale Kompetenz herauszuarbeiten, sich dieser bewusst zu werden und sie zu fördern (Schneider und Knebel, 1995).

Die Lernphase (»near-the-job«)

In der Lernphase (»near-the-job«) wird das fachspezifische Wissen des Tätigkeitsfeldes von Feuerwehren, den Hilfsorganisationen und dem Technischen Hilfswerk verknüpft mit den eigenen Kriterien der sozialen Kompetenz. Dieser Prozess wird sowohl von der berufsspezifischen Seite als auch von der sozialen Seite von Ausbildern begleitet. In dieser Phase erhalten die Teilnehmer Feedbacks, die beide Themenfelder behandeln, also sowohl fachliche Aspekte als auch soziale Aspekte.

Die Umsetzungsphase (»on-the-job«)

In der Umsetzungsphase (»on-the-job«) werden die Erkenntnisse aus der Einführungsphase und der Lernphase im unmittelbaren Berufsfeld (Wachpraktikum, Einsatzübungen, Übungsdienste) angewandt. Hier sollen die Teilnehmer – wenn möglich – die Erfahrungen und das Erlernte über sich selbst und das Team in der Realität zur Lösung von Aufgaben anwenden respektive die »neu entdeckte soziale Kompetenz« in Einklang mit ihrem fachlichen Wissen bringen und zur Aufgabenlösung in der Gruppe anwenden (Schneider und Knebel, 1995). Dies kann gut und ohne viel organisatorische Vorbereitung durch Projektaufgaben erfolgen, wie z. B. die Erstellung eines Beladeplans für ein Fahrzeug oder die Erstellung einer Kurzbedienungsanleitung für ein neues Einsatzgerät. Es können aber auch Projekte sein, die die Kameradschaft fördern, wie z. B. das Vorbereiten und Kochen einer Mahlzeit für die gesamte Wachabteilung oder die Teilnehmer eines Übungsdienstes.

Diese drei Phasen des projektorientierten Teamtrainings lassen sich auch sehr gut in die Ausbildungspläne von Einsatzkräften integrieren. Eine Kombination dieser Ansätze kann einen soliden Baustein für eine teamorientierte Ausbildung von Einsatzkräften bilden.

Off-the-Job + near-the-job + on-the-job = teamorientierte Ausbildung zur Einsatzkraft

5 Durchführung der Feldstudie

Die Feldstudien sind über einen Zeitraum von zehn Jahren sieben Mal durchlaufen worden. Die dort durchgeführten Einzelmaßnahmen mit ihren konstruktiven Teilschritten und die daraus resultierenden Erkenntnisse und Beobachtungen werden im Folgenden vorgestellt. Als Grundlage für die Studie wurden von den Beobachtern und Ausbildern Fragebögen ausgefüllt und ausgewertet. Nach Herausfiltern von Datenausreißern wurden aus dem Mittelwert die repräsentativen Erkenntnisse und Beobachtungen als Ergebnisse angenommen. Die Studien wurden hier am Beispiel von Einsatzkräften der Feuerwehr durchgeführt, lassen sich aber auch im breiten Spektrum der Einsatzkräfte der Sicherheit und Gefahrenabwehr durchführen. Die Ergebnisse und Erkenntnisse aus den Studien, die auch Befragungen der Teilnehmer beinhalten, sind somit übertagbar.

5.1 Feldstudie: »Das Einführungscamp« – Die Einführungsphase (off-the-job) in der Praxis

Die Einführungsphase beschreibt im projektorientierten Teamtraining einer Gruppe die Findung der Beziehungen der Gruppenteilnehmer untereinander (vgl. auch Kapitel 4.2). Vor diesem Hintergrund hat der Verfasser im Jahre 2008 mit großer Unterstützung der Berufsfeuerwehr in Mülheim an der Ruhr einen erlebnispädagogisch begründeten Pilotversuch unternommen, um die Bildung eines Gesamtteams bereits zu Beginn der feuerwehrtechnischen Grundausbildung intensiv zu forcieren und soziale Kompetenz zu fördern. Unter Einbeziehung psychologischer und pädagogischer Fachexpertise wurde dazu ein dreitägiges Ausbildungscamp konzipiert. Darin müssen die Brandmeisteranwärter beispielsweise gezielt mehrere Aufgaben bewältigen, die nur durch das unmittelbare Zusammenwirken mit ihren Kollegen gelöst werden können. Neben der Teamentwicklung besteht ein weiteres Ziel des Ausbildungscamps darin, dass jeder Auszubildende seine persönlichen Belastungsgrenzen realistisch einschätzen und das eigene Verhalten bei Erreichen dieser Grenzen konstruktiv reflektieren kann.

Das Ausbildungscamp hat nach mehrfachem Durchlauf über mehrere Jahre hinweg ausschließlich positive Ergebnisse erzielt. Im Folgenden werden sowohl die Maßnahme mit ihren konstruktiven Teilschritten als auch die gewonnenen

Erkenntnisse und Beobachtungen aus der Praxis ausführlich vorgestellt und Durchführungshinweise zum Nachahmen mitgegeben.

Die Durchführungsdauer

Das Einführungscamp erstreckt sich über eine Dauer von drei Tagen inklusive der An- und Abreise und besteht im Wesentlichen aus einzelnen Stationsübungen (Lülf, 2011). Zur besseren Planung und Organisation solcher Veranstaltungen wird zusätzlich auf das Kapitel 7.11 verwiesen.

Der Durchführungszeitpunkt

Das Camp wird unmittelbar zu Beginn der eigentlichen feuerwehrtechnischen Grundausbildung durchgeführt, da sich die Teilnehmer untereinander im Regelfall noch gar nicht kennen. Hier sind alle Personen über einen langen Zeitraum in einem Lehrgang und zu einer Lehrgangsgruppe zusammengefasst. In den darauf folgenden Ausbildungsabschnitten werden sie in kleinere Gruppen aufgeteilt oder begeben sich je nach Schwerpunktwahl und Laufbahnausbildung alleine in die weiterführenden Ausbildungsabschnitte. Darüber hinaus sind die Teilnehmer noch vorbehaltlos und es gab noch keine große Möglichkeit, Vorurteile aufzubauen. Aus verwaltungstechnischen und organisatorischen Gründen, wie zum Beispiel der Ernennung der Brandmeisteranwärter zu Beamten und ihrer Einkleidung empfiehlt es sich, am zweiten Ausbildungstag mit dem Camp zu beginnen. Wesentlich länger sollte mit dem Start dieser Ausbildungsmaßnahme nicht gewartet werden, da bereits in den ersten Tagen gruppendynamische Prozesse einsetzten. Je länger gewartet wird, desto größer ist die Wahrscheinlichkeit, dass sich bereits Kleingruppen gebildet haben. Sie bilden sich häufig aufgrund von gemeinsamen Parametern und suggerierten Zugehörigkeitsfaktoren, z. B. gleicher Geburts- oder Wohnort, gleiche Freizeitaktivitäten usw. Diese Kleingruppenbildung ist für eine Gesamtteamfindung des Lehrgangs und nicht zuletzt für das angestrebte Ziel der Bildung von Teamgeist für die Feuerwehrtätigkeit insgesamt jedoch ausgesprochen kontraproduktiv.

Beobachtungen/Erkenntnisse aus der Praxis

Die Ausbildung zum Feuerwehrmann beginnt in der Regel immer zu einem festen Datum im Jahr, z. B. dem 1. April eines Jahres. Aufgrund dieser vorgegebenen Rahmenbedingung ergab sich bei der Durchführung eines Ausbildungscamps die Situation, dass aufgrund von Feiertagen das Camp erst nach ein paar Tagen durchgeführt werden konnte. Hier konnte tatsächlich beobachtet werden, dass sich schon Beziehungen zwischen Teilnehmern aufgebaut hatten. Zwar waren diese nicht tiefgründig und eher auf wirtschaftlicher Basis, wie Fahrgemeinschaften gegründet, aber dies hatte zur Folge, dass sich zum Zeitpunkt der Durchführung bereits einige Teilnehmer besser kannten als andere. Dies hatte Auswirkungen auf die spätere Teamentwicklung, da es bereits favorisierte Bindungen unter den Teilnehmern gab.

 Teamentwicklung in der Frühphase von Lehrgängen ist am effektivsten.

Der geeignete Ort

Als Örtlichkeit des Ausbildungscamps wird bewusst ein Umfeld gewählt, das von den bekannten heimischen Örtlichkeiten abweicht. Gewährleistet werden muss unbedingt, dass beispielsweise kein Teilnehmer einen »Heimvorteil« gegenüber seinen Kollegen hat. Dies könnte die gewünschte Teamentwicklung beeinflussen. Eine Übung, bei der es beispielsweise darum geht, sich in einer fremden Umgebung zurechtzufinden und gemeinsam den richtigen Weg zu suchen, wäre augenblicklich hinfällig, sofern ein Teilnehmer ortskundig ist.

Ein weiterer wesentlicher Aspekt ist es, dafür Sorge zu tragen, dass die Umgebung für das Ausbildungscamp so gewählt wird, dass alle Teilnehmer möglichst ungestört sind. Es sollte sich um eine Örtlichkeit mit wenig »Publikumsverkehr« handeln. Auf diese Weise fühlen sich die Teilnehmer von Dritten unbeobachtet und versuchen nicht, sich zu verstellen. Besonders geeignet sind weitläufige Wald- und Forstgebiete bzw. Naherholungsgebiete, die nicht stark von Spaziergängern oder Wanderern frequentiert sind. Als Camp selbst wäre z. B. ein landwirtschaftlicher Betrieb eine geeignete Örtlichkeit.

Beobachtungen/Erkenntnisse aus der Praxis

Durch die externe Unterbringung entstand der positive Nebeneffekt, dass dadurch eine gewisse Abenteuerstimmung entstand. Dieser Umstand fördert die Tatsache, die erlernten Kenntnisse über sich selbst und das Team besser kognitiv zu festigen. Dies bestätigten Evaluationen von Teilnehmern, deren Erfahrungen aus dieser Studie bereits Jahre zurücklagen. Hier gaben 81 % der Befragten (Hübner, 2016) an, dass sie die Erfahrungen unter konventionellen Lernbedingungen nicht gemacht hätten.

Darüber hinaus ist es auch eine gute Übung für die Ausbilder, ein Ausbildungscamp anspruchsvoll und unabhängig von bekannten Örtlichkeiten und Infrastrukturen vorzubereiten und durchzuführen.

Je weniger Einfluss von außen, umso echter ist das Teamverhalten!

Die Unterbringung

Die Unterbringung der Teilnehmer erfolgt in Form eines Zeltlagers. Diese sollen dadurch bewusst auf jegliche Form alltäglicher Annehmlichkeiten oder gar Luxus verzichten, um sich so auf das Wesentliche zu konzentrieren: nämlich auf sich selbst als Mitglied einer Gruppe. Das Zeltlager vermittelt zudem den Eindruck eines »Abenteuers«, was wiederum für die meisten Teilnehmer eine sicherlich nicht alltägliche Erfahrung ist. Durch die Unterbringung aller Teilnehmer in einem Großraumzelt wird auch die Privatsphäre sehr bewusst deutlich reduziert. Die Teilnehmer sind gezwungen, sich miteinander zu befassen. Unter anderem lernen sie dabei auch, sich auf engen Raum miteinander zu arrangieren und Rücksicht zu nehmen.

Bild 7:   *Teilnehmer beim Aufbau der Zelte im Camp*

Bild 8: *Blick in ein eingerichtetes Großraumzelt für die Teilnehmer*

Beobachtungen/Erkenntnisse aus der Praxis
Bei der Durchführung eines Ausbildungscamps ergab sich die Situation, dass eines Abends zwei Teilnehmer die Ausbilder aufsuchten, um mitzuteilen, dass ein weiterer Teilnehmer offensichtlich gesundheitlich angeschlagen war. Er musste zwar tatsächlich aus gesundheitlichen Gründen das Camp vorzeitig beenden, die Situation aber zeigte, dass die Teilnehmer aufeinander achteten – mehr als sie es in Einzelunterbringung gekonnt hätten.

Der Verzicht von Luxus und Privatsphäre ermöglicht dem Teilnehmer sich auf das Wesentliche (die Teambildung) zu fokussieren.

Die volle Konzentration auf das Ausbildungscamp

Im gleichen Zusammenhang wird den Teilnehmern untersagt, im Ausbildungscamp Gegenstände mitzuführen, die nicht zur vorgeschriebenen persönlichen Schutzausrüstung gehören oder zwingend für den alltäglichen oder hygienischen Bedarf erforderlich sind. Die Benutzung von Mobiltelefonen wird untersagt. Das soll bewusst dazu führen, dass der Kontakt zur heimischen Außenwelt für ein paar Tage abgeriegelt wird. Den Angehörigen der Teilnehmer wird für Notfälle allerdings die Telefonnummer einer ständig besetzten Stelle, in diesem Fall der Feuerwehrleitstelle, mitgeteilt. So sind zumindest die Ausbilder jederzeit erreichbar und können ggf. Nachrichten weiterleiten oder im Notfall sofort Kontakt zum Teilnehmer herstellen. Dies soll den Teilnehmern auch ein Sicherheitsgefühl vermitteln, damit nicht die Sorge um eine private Situation den Findungsprozess im Ausbildungscamp beeinflusst. Die Isolation von der Außenwelt ist in den drei Tagen auch nicht als Sanktion zu verstehen und soll den Teilnehmer nicht negativ belasten, sie dient ausschließlich dazu, unerwünschte und nicht zwingend notwendige Ablenkungen in den Köpfen der Teilnehmer zu vermeiden, die von der Einführungsphase ablenken. Somit entsteht ein noch größerer Effekt dieser Ausbildungsmaßnahme. Zusätzlich werden sämtliche Wertgegenstände und Uhren, aber auch Taschenlampen, Messer und sonstige Campingartikel zu Beginn des Ausbildungscamps eingesammelt und unter Verschluss gehalten.

Alle Auszubildenden sollen im Camp exakt die gleichen Voraussetzungen haben und nicht durch eigens mitgeführte Gegenstände einen technischen Vorteil erlangen. Deshalb wird von diesen Regelungen keine Ausnahme zugelassen. Es wird vermittelt, dass alle Auszubildenden gleich sind, gleich behandelt werden und alle auch weitestgehend die gleichen Startbedingungen haben sollen.

Beobachtungen/Erkenntnisse aus der Praxis

Durch den Vergleich der gemachten Beobachtungen zum alltäglichen Verhalten gleichaltriger Teilnehmer, die ihr Smartphone in dieser Zeit nutzen durften, ergab sich die Feststellung, dass diese ständig in irgendeiner Form damit beschäftigt waren und in diesen Medien interagierten. Sie waren in sozialen Netzwerken oder anderen Austauschplattform somit ständig aktiv. Der Wegfall des Smartphones bei den Teilnehmern hingegen führte zu deutlich mehr Konzentration auf die eigentliche Ausbildungsmaßnahme.

Die Angaben im Vorfeld

Die Teilnehmer erhalten im Vorfeld nur sehr wenige Informationen über das Ausbildungscamp. Mit einem Schreiben wird ihnen lediglich mitgeteilt, wann und wo sie sich am ersten Tag der Ausbildung einzufinden haben und dass sie sich ab dem zweiten Tag für etwa drei Tage auf einem »Ausbildungscamp mit Zeltlager« befinden werden. Es wird darauf hingewiesen, dass jeder Auszubildende einen Schlafsack und die üblichen Utensilien für die persönliche Hygiene mitbringen muss. Wo sich das Zeltlager befindet und was sie dort erwartet, wird den Teilnehmern bewusst verschwiegen. Dadurch ist eine Vorbereitung seitens der Teilnehmer auf das ihnen bevorstehende Ereignis im Vorfeld ausgeschlossen. Es sollte auch in dieser Information auf eine schlechte Kommunikationsinfrastruktur hingewiesen und die Telefonnummer der ständig besetzten Stelle angegeben werden unter der die Angehörigen die Teilnehmer in dringenden Fällen erreichen können. Es ist zu beachten, dass eine solche Ausbildungsmaßnahme aufgrund ihres nicht alltäglichen Stellenwertes natürlich nicht nur Auswirkungen auf die Teilnehmer hat, sondern auch auf Angehörige haben kann. Auch hier soll diese Ausbildungsmaßnahme nicht negativ durch die Tatsache beeinflusst werden, dass sich Angehörige und somit in Kausalität der Teilnehmer Sorgen machen muss. Dem Teilnehmer und den Angehörigen wird durch die Information der ständigen, zwar nicht direkten Erreichbarkeit, suggeriert, dass dieser im Bedarfsfall erreichbar wäre.

Beobachtungen/Erkenntnisse aus der Praxis
Die Zusicherung der Erreichbarkeit der Teilnehmer war eine wesentliche Sicherheitseinrichtung sowohl für die Angehörigen der Teilnehmer als auch für die Teilnehmer selbst. Nur dadurch konnten sich die Teilnehmer überhaupt sorgenfrei bewegen und sich für Gruppen- und Teamprozesse öffnen (vgl. auch Kapitel 7.3).

Der Beginn der Maßnahme
Zu Beginn des ersten Tages werden zunächst die persönlichen Ausrüstungsgegenstände der Teilnehmer auf die mitgeführten Einsatzfahrzeuge verladen. In einer kurzen, deutlichen Erklärung respektive Ansprache wird anschließend mitgeteilt, dass Teamarbeit in den kommenden Tagen immer im Vordergrund steht und dass nur Teamarbeit und Disziplin zielführend sind. Außerdem werden die Teilnehmer darüber informiert, dass die Ausbilder sie permanent beobachten und dass Teilnehmer, die nicht teamfähig erscheinen, nötigenfalls auch aus der Gruppe ausgeschlossen werden. Es ist von enormer Bedeutung, die Ansprüche und Erwartungshaltungen an die Teilnehmer klar zu formulieren.

Im Anschluss an diese Erklärung respektive Ansprache beginnt die Reise zum Ausbildungscamp. Während der Fahrt dorthin haben die Teilnehmer die Möglichkeit, ein Frühstück zu sich zu nehmen. Am Zielort angekommen, bekommen sie als erste

Aufgabe den Auftrag, den Aufbau des Zeltlagers durchzuführen. Die Ausbilder geben lediglich die gewünschten Positionen der einzelnen Zelte an, nicht jedoch wie sie aufgebaut werden. Da die mitgeführten Zelte recht einfach konstruiert sind, sind hier auch keine weiteren Erläuterungen erforderlich. Was jedoch erforderlich ist, ist Kommunikation untereinander und die gilt es zu beobachten.

Beobachtungen/Erkenntnisse aus der Praxis

Bereits hier wurde jedoch erkennbar, wer z. B. Mut hatte, Initiative ergriff, Anweisungen gegenüber den anderen Gruppenmitgliedern erteilte und wer gegebenenfalls nur »ausführende Kraft« war. Auch konnte beobachtet werden, wer von den Teilnehmern eher unsicher wirkte oder sich nicht ohne Weiteres in die Gruppe integrieren konnte.

Der erste Marsch

Im Anschluss an den Aufbau der Zelte legten die Teilnehmer ihre persönliche Schutzausrüstung an. Diese besteht bei der Berufsfeuerwehr aus Helm, Feuerwehrhaltegurt, Schnürstiefeln (Sicherheitsschuhwerk), einer schweren Brandschutzhose und der dazugehörigen Brandschutzjacke. Hose und Jacke bestehen aus feuerfesten und auch wasserabweisenden Fasern, die den Feuerwehrmann gegen Hitze und durchschlagende Nässe schützen soll. Darüber hinaus bekommt jeder Teilnehmer ein eigenes Atemschutzgerät: Die Auszubildenden sollen sich so früh wie möglich an diese Ausrüstung und ihr Gewicht gewöhnen. Somit trägt jeder Teilnehmer ein Gewicht in Höhe von ca. 20 Kilogramm mit sich.

Bei einem sehr großen Lehrgang (14 und mehr Teilnehmer) empfiehlt sich eine Aufteilung in zwei kleinere Gruppen als zielführend. So können z. B. aus einem 18 Teilnehmer starken Kurs zwei gleich starke Gruppen mit jeweils neun Teilnehmern gebildet werden. Beide Gruppen bekommen anschließend den Auftrag, gemeinsam zum ersten Stationspunkt zu wandern. Dieser liegt etwa drei Kilometer vom Zeltlager entfernt in einem dichten Waldgebiet.

Die beiden Gruppen werden jedoch zusätzlich durch je ein weiteres Gruppenmitglied »verstärkt«. Dabei handelt es sich um einen 70 Kilogramm schweren Dummy. Diese Dummys werden in der Feuerwehrausbildung eingesetzt, um verletzte Personen oder auch einen bewusstlosen Feuerwehrkollegen zu simulieren. Der Dummy hat zusätzlich auch einen psychologischen Wiedererkennungseffekt. Denn alle Teilnehmer mussten im Rahmen des Einstellungsverfahrens neben ihren theoretischen Fähigkeiten auch ihre praktischen Fähigkeiten unter Beweis stellen. Unter anderem war dabei eine Rettungsübung durchzuführen, in der genau dieser Dummy aus einem Keller eine Treppe hinauf gerettet werden musste. Hier scheiterte bereits

Bild 9:   *Teilnehmer beim Marsch*

ein Großteil der Bewerber und viele der Teilnehmer, die eingestellt wurden, berichteten später, dass sie diese Übung aus dem Einstellungsverfahren unterschätzt
hätten.

Somit ist das zusätzliche »Gruppenmitglied« allen Teilnehmern von vornherein
bekannt. Es muss von nun an zu allen Stationen getragen werden. Als Transporthilfe
steht jeweils eine Krankentrage zur Verfügung. Die Teilnehmer wechseln sich beim
Tragen des Dummys ab.

Beobachtungen/Erkenntnisse aus der Praxis
*Durch diese zusätzliche Belastung, die sich die Teilnehmer selber einteilen konnten,
wurde schnell deutlich, dass die Auszubildenden mit mehr Kondition ihre Kollegen
mit weniger Kondition unterstützen. Der Stärkere half dem Schwächeren, andernfalls
hätten sie ihr erstes Etappenziel nie erreichen können. Dieses Verhalten ließ sich
beobachten, ohne dass die Teilnehmer durch Ausbilder darauf hingewiesen werden
mussten. Es war de facto eine teambildende Entwicklung.*

Die Stationsübungen

Im Waldgebiet werden dann an verschiedenen Punkten unterschiedliche Gruppenaufgaben in Form von Stationsübungen gestellt, die die Teilnehmer bewältigen müssen. Diese liegen immer nur wenige hundert Meter auseinander, haben jedoch keine direkte Sichtverbindung zueinander. Der Fokus bei der Aufgabenbewältigung liegt jeweils auf der Art und Weise des Umgangs der Teilnehmer miteinander. Hier wird zum einen auf die Teamarbeit geachtet und zum anderen darauf, wie die Teilnehmer bei Fehlern aufeinander reagieren.

Die einzelnen Stationsübungen wurden vom Ansatz her überwiegend aus der gängigen Fachliteratur zur Erlebnispädagogik entnommen und in vielen Bereichen auf die Bedürfnisse und Schwerpunkte der Einsatzkräfte hin optimiert (Gilsdorf et al., 2007). Im Laufe der Zeit und der Durchführung dieser Ausbildungsmaßnahme über mehrere Jahre hinweg wurden aber auch Übungen komplett neu entwickelt. Eine beispielhafte Auswahl dieser Übungen wird in dem Kapitel 8. Exemplarische Beschreibung von Übungen (Off-the-job-Event) vorgestellt.

Die Übungen an sich sind zeitlich vorgeplant, nur so ist überhaupt die Organisation eines Ausbildungstages oder mehrerer Tage möglich. Die zeitlichen Vorgaben sind allerdings nur Richtwerte. Grundsätzlich ist es notwendig, individuell auf die Gruppenleistungen zu reagieren. Das heißt, es ist nicht zwingend erforderlich, die Gruppenübungen genau nach Vorgabe der Anleitung durchzuführen und insbesondere die zeitlichen Vorgaben einzuhalten. Es ist hingegen viel sinnvoller, auf die Leistung der Gruppe flexibel zu reagieren. So kann zum Beispiel bei einer Gruppe, die offensichtlich »kämpft« und bemüht ist, ihr Ziel zu erreichen, jedoch bereits außerhalb der Zeitvorgabe liegt, trotzdem mehr Zeit gegeben werden. Das Ergebnis ist somit die Belohnung und das Erfolgserlebnis, welches mehr wiegt als das Gefühl des Versagens.

Beobachtungen/Erkenntnisse aus der Praxis

Ein Garantiepunkt zur Durchführung einer erfolgreichen Teamfindungsmaßnahme, insbesondere bei der Teilnahme mehrerer Ausbilder, ist die Erstellung eines Ausbilderskripts oder eines detaillierten Ablaufplans (vgl. auch Kapitel 7.11). Dieses ist je nach Inhalt der Ausbildungsmaßnahme entsprechend umfangreich und dient den Ausbildern dazu, unter anderem die Stationsübungen möglichst normiert durchzuführen. Insbesondere beim Durchlauf mehrerer Teilnehmergruppen ist dies im Sinne der Gleichbehandlung enorm wichtig. Andernfalls kann bei der Nachbesprechung der Teilnehmer im weiteren Verlauf der Ausbildungsmaßnahme untereinander das Risiko der Ungleichbehandlung und Begünstigung bestimmter Teilnehmergruppen entstehen. Deshalb sollten Abweichungen vom Ausbildungsskript immer wohl durch-

dacht und transparent begründet werden können. Fällt zum Beispiel eine Stations-übung für eine Teilnehmergruppe aus verschiedenen Gründen, z. B. wetterbedingt, aus, die jedoch alle anderen Teilnehmergruppen durchlaufen mussten, so ist es eine wichtige Aufgabe der Ausbilder, dies gegenüber allen anderen Teilnehmern zu erklären und auch für Gleichbehandlung durch Ersatzleistung zu sorgen, z. B. indem erklärt wird: »… die Gruppe C hat die Stationsübung aufgrund des eintretenden Starkregens nicht durchführen können, deshalb wird sie sich jetzt darum kümmern, das Holz für das gemeinsame Lagerfeuer aus dem Wald zusammenzusuchen.« Somit ist gewährleistet, dass keine Teilnehmergruppe eine Bevorzugung im Sinne der Leistungserbringung erhält.

Die Zeitvorgaben

Wie bereits erwähnt, sind zeitliche Ansätze für die Stationsübungen allein aus organisatorischen Gründen unerlässlich. Sie beinhalten darüber hinaus natürlich auch den Vorteil, einen gewissen Erfolgsdruck zu suggerieren. Grundsätzlich ist es wichtig, diese Zeitvorgaben gegenüber den Teilnehmern klar zu formulieren, z. B. »Für diese Gruppenübung haben Sie 30 Minuten Zeit.« Hier zeigt sich wiederum, wie vorteilhaft die Situation ist, dass die Teilnehmer selbst keine Uhren tragen dürfen. So bleibt die Möglichkeit offen, das Zeitfenster unbemerkt um wenige Minuten zu erweitern, wenn die Ausbilder feststellen, dass die Gruppe kurz vor dem Ziel steht, aber die Zeit schon überschritten hätte. Grundsätzlich sollte ein Großteil der Aussagen und Aufforderungen an die Gruppe mit Zeitvorgaben unterstrichen werden.

Beobachtungen/Erkenntnisse aus der Praxis

So wurde z. B. bei der Durchführung der Übung »Flaschenzug« die Zeitvorgabe für diese Übung durch die Gruppe schnell erreicht. Die Ausbilder erkannten jedoch, dass die Gruppe auf dem richtigen Weg war und gaben ihr mehr Zeit. Gleichzeitig ließen sie sie im Glauben, dass sie sich im Zeitrahmen befanden. Sie erreichten das Ziel den Flaschenzug zu bauen und fühlten sich bestärkt, da sie die Aufgabe auch noch in der vorgegebenen Zeit erfüllt haben. Diese Erfahrung ist gewichtiger gewesen als der Misserfolg!

Zeitwerte sind nur Richtwerte – Der Übungserfolg bestimmt die Zeit.

Das Überwinden von Hemmschwellen

Das Durchführen von Aufgaben und Tätigkeiten in Gruppen ist eine gute Ausgangssituation, um Hemmschwellen der einzelnen Teilnehmer zu überwinden, die sie alleine nicht überwinden würden. Diese Situation kann sehr förderlich sein, ist allerdings auch grenzwertig, weil hier durch falschen Zwang Ängste gefestigt werden können, insbesondere wenn Situationen eskalieren. Demnach müssen die Ausbilder immer die Teilnehmer, ihre Reaktion und auch Mimik beobachten und durch Kommunikation klären, in welcher Verfassung sich der Teilnehmer befindet.

Beobachtungen/Erkenntnisse aus der Praxis

Im Rahmen einer Abseilübung mussten die Teilnehmer die Treppen eines Feuerwachturms mit dem Auftrag »Menschenrettung« hinaufsteigen. Dies ist unter Berücksichtigung der mitzuführenden persönlichen Ausrüstung und des inszenierten Zeitdrucks ein körperlich anstrengendes Unterfangen. Am hohen Zielort angekommen, wurden die Teilnehmer mit der Situation überrascht, dass sie nun sehr schnell passiv abgeseilt werden müssen, weil ihr Rückzugsweg abgeschnitten sei.

Dies erforderte von vielen Teilnehmern eine erhebliche Überwindung. Die Ausbilder waren jedoch angehalten, das Einleiten dieser Maßnahme zwar selbstverständlich mit allen nötigen Sicherheitsmaßnahmen, ansonsten jedoch so schnell wie möglich durchzuführen.

Vor diesem Hintergrund berichteten viele Teilnehmer später, dass sie sich wahrscheinlich nicht hätten abseilen lassen, wenn sie mehr Zeit zum Überlegen gehabt hätten.

Gerade die Überwindung eigener Hemmschwellen war allerdings ein wichtiges Ziel dieser Übung. Durch das Abseilenlassen haben alle Auszubildenden innerhalb kürzester Zeit ein intensives Vertrauen in die Technik, in das Material und in ihre Ausbilder gewonnen. Sollte jedoch ein Teilnehmer absolut nicht wollen, sollte er auch nicht weiter unter Druck gesetzt werden. Hier kann ein geschicktes Einbinden in die Übung sinnvoll sein. »Gut, Sie wollen nicht, dann helfen sie jetzt dabei Ihre Kollegen abzuseilen. Danach gehen sie wieder runter und fragen Ihre Kollegen, wie sie das Abseilen empfunden haben. Überlegen Sie sich danach, ob Sie Ihre Meinung nicht ändern möchten. Kommen sie danach wieder zügig zu mir hinauf und teilen Sie mir Ihre Entscheidung mit.«

Diese Vorgehensweise hat den Vorteil, dass unsichere Teilnehmer die Möglichkeit haben, aus erster Hand und von vergleichbaren Personen zu erfahren, wie die Abseilübung oder das Erlebnis war, und so möglicherweise ihre Meinung doch noch zu ändern. Falls nicht hat der Teilnehmer zumindest durch das mehrmalige Besteigen des Turmes eine alternative sportliche Leistung erbracht und ist dadurch in den Augen der anderen Teilnehmer nicht begünstigt worden.

Ziel ist das Überwinden von Hemmschwellen – aber ohne Zwang.

Der Rückmarsch

Nach erfolgten Stationsübungen und zum Ende des Tages hin, wird der Rückmarsch in das Camp angetreten. Hier kann je nach physischem Zustand der Teilnehmer eine Marscherleichterung angeboten werden, z. B. das nicht erneute Mitführen der Atemschutzgeräte.

Beobachtungen/Erkenntnisse aus der Praxis

An einer der Veranstaltungen stellten die Ausbilder die Teilnehmer vor die Wahl, ob Sie mit angelegten Atemschutzgeräten oder mit dem Übungsdummy »Paul« den Rückweg zum Camp antreten wollten. Hier entstand ein kleiner Diskussionsprozess der Teilnehmer untereinander. Zuerst entschieden sich die Teilnehmer für den Rückweg mit Atemschutzgeräten, dann plötzlich intervenierte ein Teilnehmer und sagte: »Wir nehmen Paul.« Es entstand Unruhe im Team und Unverständnis bis ein Teilnehmer sagte: »Wir nehmen Paul mit, weil er zum Team gehört.«

Dies war nicht nur die teamtechnisch richtige Entscheidung, sie ist sogar mit weniger Kraftaufwand verbunden gewesen und schonte die schwächeren Teilnehmer, weil sich die Gruppe beim Zurücktragen des Übungsdummys auf der Trage zum Camp untereinander abwechseln konnte, denn die Atemschutzgeräte hätte jeder die gesamte Strecke tragen müssen. So konnten die physisch noch mit ausreichenden Reserven ausgestatteten Teilnehmer die schwächeren Teilnehmer entlasten.

Des Weiteren ist bei den Veranstaltungen regelmäßig zu beobachten gewesen, dass die Teilnehmer zu einer gewissen Zeit anfangen, untereinander abgesprochen auf den Märschen von Stationsübung zu Stationsübung zu singen. Dies ist eine interessante Beobachtung unter Berücksichtigung der Tatsache, dass die Personen sich erst wenige Stunden kannten.

Sicherheitshinweise

Das gesamte Ausbildungscamp, insbesondere aber die Stationsübungen und die Märsche zu den Stationen stellten für einige Teilnehmer eine enorme körperliche Belastung dar. Aus diesem Grund sind Marscherleichterungen (z. B. durch Ablegen eines Teils der Ausrüstung, Absetzen des Helms, Ausziehen der schweren Brandschutzhose usw.) nicht nur bei den Teilnehmern willkommen, sondern mitunter auch zwingend erforderlich.

Während des gesamten Ausbildungscamps müssen jederzeit Getränke und Energieriegel sowie Obst zur Verfügung stehen. Alle Ausbilder müssen über eine medizinische Ausbildung verfügen, es sollte sich durchweg um Rettungsassistenten oder Notfallsanitäter handeln.

Ferner sollte sich ein eigener vollausgestatteter Rettungswagen immer in unmittelbarer Nähe der Teilnehmer befinden. Er begleitet sie auf den Märschen oder steht an den Stationen einsatzbereit mit eingeteiltem Personal zur Verfügung. Somit ist das Fahrzeug in kürzester Zeit zur Stelle.

Aufgrund der fehlenden Sichtverbindung zwischen den Stationen ist die Kommunikation der Ausbilder untereinander mittels Funkgeräten und Mobilfunktelefonen permanent sicherzustellen. Hierdurch ist immer ein Maximalschutz der Teilnehmer durch schnelle Hilfeanforderung gewährleistet.

Bild 10: *Bereitgestellter Rettungswagen vor Übungsturm*

Beobachtungen/Erkenntnisse aus der Praxis

Ein Teilnehmer hatte im Verlauf des Anmarsches zur ersten Station leichte Kreislaufprobleme. Wie sich später herausstellte, war der Teilnehmer noch durch einen grippalen Infekt geschwächt, obwohl er sich selbst fit fühlte.

Hier kam der mitgeführte Rettungswagen schnell zum Einsatz. Es wurde sich umgehend um den Teilnehmer gekümmert und den anderen Teilnehmern dadurch Sicherheit und Fürsorge demonstriert. Der kreislaufgeschwächte Teilnehmer wurde in den Rettungswagen verbracht, von den Ausbildern untersucht und ruhte sich aus.

In der Zwischenzeit fand eine kurze Beratung der anderen Ausbilder statt, wie mit dieser Situation umgegangen werden soll.

Das Ziel war es, den Teilnehmer möglichst schnell wieder in das Team zu integrieren und dabei sein »Gesicht« zu wahren. Nach einem Gespräch mit dem ausgeschiedenen Teilnehmer und Prüfung des Gesundheitszustandes kamen sowohl die Ausbilder als auch der Teilnehmer zu dem gemeinsamen Entschluss, an der Übung weiter teilzunehmen. Die Ausbilder verordneten leichte Marscherleichterung für den geschwächten Teilnehmer und wiesen die anderen Teilnehmer an, verstärkt auf ihren Kollegen zu achten. Der geschwächte Teilnehmer wurde zur nächsten Station gefahren. Da jedoch die Teilnehmer immer als Team arbeiten, führten die verbliebenen Teammitgliedern die Ausrüstungsgegenstände der kollabierten Person mit (Atemschutzgerät, Sicherheitsleine, usw.).

An der Zielstation angekommen wurde zunächst allen Teilnehmern (da eine Gruppenaufteilung erfolgte, haben nicht alle Teilnehmer der Ausbildungsmaßnahme den Vorfall miterlebt) der Zwischenfall erklärt und sie wurden über den Gesundheitszustand ihres Kollegen aufgeklärt. Wichtig war hier zu betonen, dass die Ausbilder für die Sicherheit der Auszubildenden da sind und sofort reagieren sowie zu betonen, dass die Ausbilder immer und überall auf die Teilnehmer und deren Gesundheit achten. Ferner wurde erklärt, dass nicht jeder Teilnehmer zu Beginn der Ausbildung 100 % Fitness besitzt sowie dass dieser Istzustand nicht relevant sei und sie im Laufe der Ausbildung dahin gebracht werden würden. Umso wichtiger war es, sich gegenseitig zu unterstützen und aufeinander zu achten. Es wurde auch erklärt, warum die Teilnehmer ihren Kollegen unterstützen mussten und dass ihnen dadurch bei der Durchführung der Gruppenaufgaben kein Nachteil entstehen würde.

Im Rahmen der Durchführung dieser Ausbildungsmaßnahme über die Jahre hinweg sind einige wichtige Sicherheitshinweise entstanden und manifestiert worden, die in einem noch folgenden Kapitel gesondert vorgestellt werden.

5

Der Maximalschutz der Teilnehmer muss zu jederzeit gewährleistet werden.

Bewertung

Anders als bei gewöhnlichen »Abenteuerspielen« spielt der Übungserfolg bzw. der Übungsmisserfolg sehr wohl eine entscheidende Rolle. Absolvieren die Teilnehmer eine Übung erfolgreich und beweisen sie den erforderlichen Teamgeist, dann werden sie von den Ausbildern dafür beispielsweise durch entsprechenden Zuspruch oder Marscherleichterung belohnt. Ein Misserfolg kann allerdings auch negative Konsequenzen haben.

So werden die Teilnehmer bei einem Übungsabbruch oder einer eigentlich unnötigen Unterbrechung, die durch Fehler der Gruppe oder einzelner Teilnehmer verursacht wurde, mit sportlichen Zusatzaufgaben sanktioniert (z. B. zehn Liegestützen oder einem kurzen Spurt). Allerdings wird sehr sorgfältig auf die Schwere der Fehler bzw. die Verhältnismäßigkeit der jeweiligen »Konsequenzen« geachtet. Je besser eine Gruppe im Tagesverlauf abschneidet, desto mehr Zugeständnisse werden von den Ausbildern insgesamt gemacht.

Wichtig ist auch, dass die Motivation zur Durchführung von Aufgaben und Übungen ein Schwerpunktthema darstellt. Grundlegend ist daher zu beachten, dass die Konsequenzen ständig mit der Realität in Bezug zu bringen sind und den Teilnehmern erklärt wird, warum es wichtig ist, diese oder jene Übung schnell und präzise zu absolvieren.

Dafür dienen Formulierungen wie z. B. »Sie haben die Aufgabe nicht in der vorgegebenen Zeit erfüllt. Schnell und zügig zu arbeiten ist in unserem Beruf jedoch extrem wichtig. Die Überlebenschancen von Menschen können von ihrer Schnelligkeit und Fitness abhängen. Als Konsequenz absolvieren sie nun zehn saubere Liegestütze, um Ihre Fitness zu trainieren und zu fördern.«

Der Umgang mit Konsequenzen erfordert auch ein hohes Maß an Fingerspitzengefühl. Es darf nicht dazu kommen, dass ein Ungleichgewicht an Übungsanspruch und Konsequenzen zu Kapitulationssituationen führt. Äußerungen von Teilnehmern, wie z. B. »Lasst uns die Konsequenzen nehmen. Die Übung schaffen wir eh nicht!«, sind hier als Alarmsignal zu verstehen und die Ausbilder müssen sofort reagieren. In solchen Situationen ist eine positive Motivation der richtige Weg und möglicherweise das individuelle Anpassen des Übungszieles auf die Situation und Leistungsfähigkeit der Gruppe.

Beobachtungen/Erkenntnisse aus der Praxis

Es stand nicht so sehr das Erbringen der sportlichen Leistung der Stationsübung im Fokus, obgleich dies auch einen wichtigen Aspekt darstellte, als vielmehr der Weg der Gruppe zum Erfolg. Dies bedeutete aber wiederum nicht, dass jede Stationsübung auch unweigerlich ein Erfolgserlebnis darstellen musste. Es war eher davon abhängig zu machen, ob die Gruppe zur Erreichung des Zieles kämpfte oder darauf spekulierte, das Übungsziel geschenkt zu bekommen. Dies konnten die Ausbilder, die die Station begleiteten, aber recht schnell selbst erkennen und es bedurfte keiner weiteren Anleitung.

Ein ausgewogenes Verhältnis der Motivation durch Lob und Sanktionen hat in den bisher durchgeführten Ausbildungsveranstaltungen gezeigt, dass damit die Motivation am stärksten gefördert werden kann. Auch das Durchführen von Konsequenzen kann gruppenfördernde Aspekte beinhalten. So war bereits nach kürzester Zeit positiv zu bemerken, dass die Azubis sich bei der Durchführung der Liegestütze absprachen. Sie definierten Kommandos, damit alle gleichzeitig die Bewegungen ausführen konnten.

Die Bewertung der Teammitglieder muss mit viel Fingerspitzengefühl und in Bezug zur Realität erfolgen.

Reflexion

Nach Abschluss aller Übungen begeben sich alle Teilnehmer zunächst zurück zum Zeltlager. Nach einer kurzen Regenerationsphase erfolgt dort eine rund einstündige Reflexionsrunde. Den Teilnehmern wird dabei ausdrücklich die Gelegenheit eingeräumt, sich offen und ehrlich über die gesammelten Erfahrungen auszutauschen. Nicht zuletzt liegt diesem Schritt die Überzeugung zugrunde, dass auch der Austausch von Informationen bzw. die Art der Kommunikation untereinander bereits eine Form von Teamarbeit darstellt.

Die Ausbilder leiten die Reflexionsrunde ein, erklären, dass der Austausch der gemachten Erfahrungen untereinander wertvoll ist. Da die komplette Instruktion zu den einzelnen Übungsaufgaben stets in einem autoritären Stil durchgeführt wird, verhalten sich die Ausbilder während der Reflexionsphase bewusst zurückhaltend und moderieren nicht. Auch beteiligen sie sich nicht an eventuellen Diskussionen. Dadurch soll auch vermieden werden, dass Teilnehmer sich im Sinne der sozialen Erwünschtheit äußern, d. h. nur Angaben machen von denen sie meinen, dass sie ihren Ausbildern gefallen. Sollten sich jedoch keine Gespräche zwischen den Teilnehmern ergeben, so sollten die Ausbilder oder ein Moderator durch nachhaltige offene Fragen versuchen einen Gesprächsaustausch zu initialisieren. Sobald ein Gesprächsaustausch beginnt, sollten sich die Ausbilder oder Moderatoren aus den Fragestellungen zurückziehen, um den Teilnehmern den Raum zur Gesprächsentwicklung zu geben.

Beobachtungen/Erkenntnisse aus der Praxis

Die Durchführung einer Reflexionsrunde ist einer der wichtigsten Bestandteile der gesamten Maßnahme und zu einem wertvollen Baustein für die Teilnehmer geworden, die sich über den Tag verteilt sonst nicht intensiv austauschen konnten. Die effektivsten Reflexionsrunden entstanden, wenn die Ausbilder selbst nicht an den Runden teilnahmen. Die Ausbilder leiteten die Reflexionsrunden also maximal nur ein und überließen die Teilnehmer dann für einen definierten Zeitraum sich selbst. Als Ort für eine Reflexionsrunde war das Sitzen um ein angezündetes Lagerfeuer gut geeignet. Hier war der Zeitraum von einer Stunde ein guter Richtwert, um auch den Teilnehmern genügend Zeit zu geben, den Tag Revue passieren zu lassen. Idealerweise wäre die Begleitung eines externen Moderators mit Fachexpertise vermutlich die beste Lösung zur Durchführung einer Reflexionsrunde, wobei es durchaus schwierig darstellbar ist, dass dieser vertrauensvolle Aussagen der Teilnehmer erhält und er nicht direkt als »Spitzel« der Ausbilder eingestuft wird und somit auch hier nur taktisch durchdachte Aussagen der Teilnehmer formuliert werden. Er sollte sich also bewusst von den Ausbildern distanzieren und sich als unabhängig darstellen.

Beobachtungen haben gezeigt, dass die Teilnehmer die Reflexionsgelegenheiten intensiv nutzten, um ihre persönlichen Erfahrungen zu schildern und sogar untereinander Tipps zu verteilen. Hier waren die ersten eigenen Erkenntnisse der Teilnehmer hinsichtlich der Wichtigkeit des Teams festzustellen. Die Teilnehmer erläuterten auch sich selbst und anderen Gegenüber, was zum Beispiel bei einzelnen Stationsübungen zum Misserfolg geführt hatte und zogen so Konsequenzen für zukünftiges Handeln daraus.

Immer wieder war zu beobachten, dass Teilnehmer die Feststellung gemacht hatten, dass ihre gedachten eigenen Leistungsgrenzen immer noch überschritten werden konnten. Dies ist ein wichtiger Aspekt der Ausbildungsmaßnahmen. In diesem Umfeld konnten die Teilnehmer gezielt an ihre Leistungsgrenzen physisch als auch psychisch herangeführt werden und ihnen kontrolliert gezeigt werden, dass diese deutlich höher lagen als sie dachten. Das hatte mit Blick auf die Reflexionsrunde eine motivierende Wirkung und Prägung auch auf den Charakter der Teilnehmer erwirkt. Dies bestätigten Aussagen von Teilnehmern wie z.B. »Ich hätte nicht gedacht, dass ich dazu fähig bin, weder körperlich noch vom Kopf her.«

Weiterer Verlauf und Abschluss

Nach dem Abschluss der Reflexionsrunde erfolgt der Ausklang des ersten Tages am Lagerfeuer. Die Ausbilder sorgen dabei für eine rustikale Verpflegung vom Grill. Sie nutzen auch die Gelegenheit, um sich einzeln bei jedem Teilnehmer nach dessen körperlicher und geistiger Verfassung zu erkundigen. Kleinere Blessuren, z. B. Blasen an den Füßen, werden behandelt. Es ist wichtig und ein erklärtes Ziel der Ausbilder, die Teilnehmer jederzeit spüren zu lassen, dass sich um sie gekümmert wird und ihre Sicherheit immer Vorrang hat. Es soll und darf nicht der Eindruck entstehen, dass diese Ausbildungsmaßnahme als Unterhaltungsveranstaltung gewertet wird. Ziel ist es, deutlich zu transportieren, was von den Teilnehmern erwartet wird und gezeigt werden soll, und dass sie sich immer auf die Ausbilder verlassen können, da diese die Ausbildungsmaßnahme jederzeit im Griff haben und vorbereitet sind, auch auf Kleinigkeiten, wie z. B. das Bereitstellen von Blasenpflastern, Kopfschmerztabletten oder anderer Mittel, einzugehen.

Der zweite Tag verläuft ähnlich wie der erste Tag. Er beginnt jedoch mit einem kleinen Ausdauerlauf von wenigen Kilometern. Sofern es die Örtlichkeit zulässt idealerweise zu einem Schwimmbad. Hier können die Teilnehmer eine sportliche Station im Sinne von Zeitschwimmen durchführen. Das eigentliche Ziel dieser Station ist aber, die Körperpflege der Teilnehmer zu gewährleisten. Das persönliche Wohlfühlgefühl nach einer warmen Dusche schafft direkt eine positive mentale Grundstimmung zum erneuten Start in den Tag.

Es folgen im Anschluss wieder Stationsübungen im Wald, mit jedoch anderen Inhalten und Zielen.

Dieser Tag schließt ebenfalls mit einer Reflexionsrunde ab. Der dritte und letzte Tag des Ausbildungscamps beinhaltet keine aktiven Gruppenübungen mehr. Nach Tagesbeginn erfolgt ein Frühstück, das die Ausbilder vorbereiten sowie der anschließende gemeinsame Abbau des Zeltlagers.

Beobachtungen/Erkenntnisse aus der Praxis

Aus Sicht der Ausbilder war zum Abschluss der Maßnahme zum Beispiel vor der unmittelbaren Abfahrt zurück zum Heimatstandort eine kurze Ansprache der Ausbilder an die Teilnehmer sinnvoll. Ziel dieser Rede war es, den Erfolg der Maßnahme zu erklären. Den Teilnehmern sollte übermittelt werden, dass sie auf einem guten Weg zu einem Team sind, dass sie Zusammenhalt gezeigt haben, dass sie den Ausbildern ihr Potenzial gezeigt haben und die Ausbilder davon überzeugt sind, die richtigen Teilnehmer auszubilden. Es war wichtig, dass die Teilnehmer die Ausbildungsmaßnahme mit einem positiven Gefühl beenden und sich für sie die Strapazen auch wirklich gelohnt haben.

Fazit

Abschließend bleibt festzustellen, dass die Durchführung des hier vorgestellten Ausbildungscamps bei der Berufsfeuerwehr Mülheim an der Ruhr bereits nach kurzer Zeit durchweg positive Rückmeldungen erzielt hat, obgleich es auch immer wieder weiterentwickelt wurde. Mittlerweile ist diese Maßnahme sieben Mal erfolgreich durchgeführt worden. Ausbilder und Teilnehmer sind nach wie vor von der Besonderheit und Wichtigkeit dieser Maßnahme überzeugt. Sie genießt eine enorme Wertschätzung.

Nicht zuletzt zeigt sich der Veranstaltungserfolg in Details. Beispielsweise war bei den bisher durchgeführten Camps zu beobachten, dass sich fast alle Teilnehmer untereinander in kürzester Zeit Kurznamen gegeben hatten. Dies ist in konventionell durchgeführten Grundausbildungslehrgängen in der Regel erst nach mehreren Monaten der Fall. Daran wird jedoch deutlich, wie vertraut die Auszubildenden nach der intensiv miteinander verbrachten Zeit bereits sind und welche Verhältnisse sie aufgebaut haben.

Die Teilnehmer waren auf das Erreichte außerordentlich stolz. Mit den Erfahrungen, die sie bei den verschiedenen Übungen als Mitglied ihrer Gruppe gesammelt haben, konnten sie regelrecht prahlen. Durch das Ausbildungscamp bildete sich zwischen den Teilnehmern somit eine Art unsichtbares Band. Der Gruppenzusammenhalt wird innerhalb einer relativ kurzen Zeitspanne enorm gefördert. Alleine der Event-Charakter macht diese Ausbildungsmaßnahme zu einem besonderen Abenteuer im Gesamtausbildungsplan jeder Organisation und Einrichtung und fördert Werte und Lernerfolge, die mit konventionellen Lehrmethoden und rein theoretischen Ansätzen nachhaltig nicht zu erzielen sind.

Als Nebeneffekt durch das Untersagen von Mobiltelefonen oder Smartphones trat eine Situation auf, die in der heutigen Zeit schon als Phänomen anzusehen ist: Die Teilnehmer haben in ihrer Erholungszeit miteinander verbal kommuniziert – eine Erscheinung, die insbesondere im Alltag, egal ob beruflich oder ehrenamtlich, im Vergleich zur Nutzung des Smartphones selten beobachtet wird.

5.2   Feldstudie:»Das Übungscamp« – Die Lernphase (near-the-job) in der Praxis

Die Lernphase einer Gruppe beschreibt das Verknüpfen des fachspezifischen Wissens mit den geförderten Kriterien der sozialen Kompetenz.

Aufbauend auf diesem theoretischen Ansatz hat der Verfasser auch hier mit großer Unterstützung der Berufsfeuerwehr in Mülheim an der Ruhr eine weitere Ausbildungsmaßnahme entwickelt, um die Bildung eines Gesamtteams unter Berücksichtigung der Erfahrungswerte aus der Einführungsphase (off-the-job) zu fördern. Auch dies geschah unter Einbeziehung psychologischer und pädagogischer Fachexpertise.

Ziel dieser Ausbildungsmaßnahme war es, die Lernphase near-the-job intensiv und kontrolliert zu durchlaufen. Die Teilnehmer sollten ihre vorhandene, für sich wieder neuentdeckte und von den Ausbildern geförderte soziale Kompetenz mit ihrem erlernten fachspezifischen Berufs- und Tätigkeitswissen verknüpfen. Evaluationen haben bestätigt, dass dies sehr effektiv in Ausbildungscamps umgesetzt werden kann, in denen teamfördernde und fachliche Maßnahmen gleichzeitig durchgeführt werden können.

Diese Ausbildungsmaßnahmen sollten über den gesamten Ausbildungszeitraum verteilt werden, um den Fortschritt der Teamentwicklung gleichmäßig beobachten zu können.

Auch diese Ausbildungsmaßnahme hat nach mehrfachem Durchlauf bereits positive Ergebnisse aus Evaluationen (92 % der Befragten gaben an, dass diese Ausbildungsmaßnahme wichtig sei) (Hübner, 2016) erzielt.

Im Folgenden wird sowohl diese Maßnahme mit ihren konstruktiven Teilschritten als auch die gewonnenen Erkenntnisse und Beobachtungen aus der Praxis dazu ausführlich vorgestellt und Durchführungshinweise zum Nachahmen gegeben.

Die Durchführungsdauer

Das Ausbildungscamp erstreckt sich über eine Dauer von drei Tagen inklusive der An- und Abreise und besteht im Wesentlichen aus Einsatzübungen.

Zu diesem Zweck werden die benötigen Ausrüstungsgenstände und Fahrzeuge mitgeführt. Ebenfalls dabei sind alle Ausrüstungsgegenstände, die für den Aufbau eines Feldlagers benötigt werden. Dies sind Gegenstände wie z. B. Zelte, Feldbetten, Isomatten, Beleuchtung, Festzeltgarnituren, Grill, Kühlanhänger für Getränke und Lebensmittel etc.

Es empfiehlt sich die Verwendung einer Checkliste, die alle erforderlichen Materialien zur sicheren Durchführung auflistet.

Erforderliche Materialien können sein:

Tabelle 1:   *Beispiel einer Check- und Materialliste*

Checkliste/Materialliste	
5 Feuerwehrsicherheitsleinen	3 Großzelte 35 qm
4 Holzbohlen 4–5 m	3 Zeltheizungen
1 Holzklotz ca. 30 cm Durchmesser	3 große Zeltplanen
1 Schlauchüberführung	1 Corpuls
2 Podeste	2 Dixi-Toiletten liefern lassen
10 Festzeltgarnituren	4 Gasflaschen
2 lange Balken (2 m lang)	Getränke
2 HMS-Karabiner	1 großer Grill
1 Klettergurt	5 Grillzangen
2 m Reepschnur	1000 Kabelbinder
1 Wäscheleine	3 Kaffeemaschinen
2 m Schlauchband	1 Set Kaffeepulver, Filter und Zubehör
1 Spinnennetz (Seilnetz)	30 Pakete Toilettenpapier
10 Spanngurte	10 Konvoifahnen
1 Steckleiterteil	150 Teller, Bestecke, Becher
10 UTM-Karten	2 Müllcontainer
2 Unterrichtsmaterialien	20 Namensaufkleber für Helme
1 Kugel-Labyrinth mit Kugeln und Schlaufen	15 Übungsatemschutzgeräte
1 dynamisches Seil	100 Einweg-Regenponchos
5 lose und feste Rollen	1 Rettungsrucksack
2 Dummys	5 Schrankenschlüssel
2 DIN-Tragen	1 Set Werkzeug mit Schraubenschlüsseln
2 Flipcharts mit Stiften	10 Analogfunkgeräte
1 Absturzsicherungsset	1 Funkrelaisstation
10 Knicklichter	10 Ersatzakkus für Funkgeräte

Tabelle 1:   *Beispiel einer Check- und Materialliste – Fortsetzung*

Checkliste/Materialliste	
2 Puzzle	28 Feldbetten
10 Plananzeiger	4B-Feuerwehrschläuche
2 Taschenrechner	4 C-Schlauchtragekörbe
2 Kompasse	1 Baustellenelektrounterverteilung
210 Sets Papier und Stifte	2 Schraubzwingen
10 Handscheinwerfer	100 Müllsäcke
4 Steckleiterteile	100 Blasenpflaster
2 Trinkwasserbehälter	3 OP-Besteck
15 Übungsmasken	Grillkohle 2 × 10 kg

Beobachtungen/Erkenntnisse aus der Praxis
Die Dauer einer solchen Maßnahme ist stark vom Bildungsstand und auch von den Lehrgangsumgebungen und Lehrgangslängen abhängig, in denen diese Maßnahme durchgeführt werden soll. Insbesondere vor dem Hintergrund des organisatorischen Aufwandes ist eine Durchführungsdauer von 2–3 Tagen ratsam.

Der Durchführungszeitpunkt
Diese Ausbildungsmaßnahme wird zum Ende der eigentlichen feuerwehrtechnischen Grundausbildung, also im fünften bis sechsten Monat, durchgeführt. Bei anderen Ausbildungszeiträumen sollte dies in der Phase stattfinden, in denen bereits Fachwissen vermittelt wurde und das Durchführen von Einsatzübungen nicht aufgrund mangelnden Fachwissens scheitert.

Beobachtungen/Erkenntnisse aus der Praxis
Der ideale Zeitpunkt ist grundsätzliche eine Einzellfallentscheidung. Es sollte ein Zeitpunkt gewählt werden, bei denen bestimmte Lehrinhalte bereits vermittelt wurden und die Teilnehmer diese auch abrufen können und mit ihrem Wissen die ihnen gestellten Aufgaben auch lösen können. Je nach Ausgestaltung der Übungen kann der Durchführungszeitpunkt direkt nach Vermittlung der erforderlichen Lehrinhalte festgelegt werden.

Der geeignete Ort

Als Örtlichkeit dieses Ausbildungscamps eignen sich insbesondere abgeschlossene Übungsbereiche in denen es erlaubt ist zu Übungs- und Einsatzzwecken auch entsprechende Szenenbilder, wie z. B. Verkehrsunfälle oder echte Brände, darstellen zu können. Dies können mit Genehmigung des Eigentümers gewerbliche Bereiche oder Liegenschaften der Bundeswehr sein.

Beobachtungen/Erkenntnisse aus der Praxis

Die Isolation des Übungsortes von der Außenwelt hat den enormen Vorteil, dass sich der Teilnehmer ganz auf das Übungsgeschehen konzentrieren kann. Er wird nicht durch externe interessierte Personen abgelenkt. Darüber hinaus kann in der Regel auf die Einhaltung von Nachtruhezeiten verzichtet werden. Das ist besonders dann von Interesse, wenn Nachtübungen geplant sind.

Die Unterbringung

Die Unterbringung erfolgt, wenn möglich in festen Unterkünften, so diese denn vorhanden sind, oder in Zelten wie im zuvor dargestellten Einführungscamp.

Beobachtungen/Erkenntnisse aus der Praxis

Durch die Unterbringung in Gruppenräumen oder Gruppenzelten war auch hier wie bereits im Einführungscamp zu erkennen, dass die Teilnehmer aufeinander achteten. Sie achteten auf ihren Gesundheitszustand und boten sich gegenseitig z. B. auch mal eine Kopfschmerztablette an.

Die volle Konzentration auf das Ausbildungscamp

Wie bereits im Einführungscamp praktiziert, wird in diesem Ausbildungscamp die Benutzung von privaten Kommunikationsmitteln restriktiv eingeschränkt. Das Ziel ist auch hier die volle Konzentration auf das Camp zu lenken. Die Benutzung der Smartphones wird aber nicht völlig untersagt, sondern auf die Pausenzeit limitiert. Auch hier wird im Vorfeld nicht bekannt gegeben, wo die Maßnahme stattfindet, aber wie Verwandte und nahestehende Personen die Teilnehmer in dringenden Fällen (über die Ausbilder oder die Leitstelle) erreichen können. Dies führt das vermittelte Sicherheitsgefühl der Teilnehmer fort, damit nicht die Sorge um eine private Situation den Lernprozess in diesem Ausbildungscamp beeinflusst. Somit entsteht auch hier ein noch größerer Effekt dieser Ausbildungsmaßnahme.

Beobachtungen/Erkenntnisse aus der Praxis

Im Laufe der Zeit wurde beobachtet, dass die Teilnehmer sich auf die eingeschränkte Nutzung der Kommunikationsmittel einließen. Es konnte kein negativer Einfluss auf den Übungsablauf festgestellt werden, da die Teilnehmer das Gefühl hatten, dass sie im Notfall erreichbar sein würden.

Die Ankunft und der Aufbau

Die Ausbildungsmaßnahme beginnt mit der Ankunft von Mannschaft und Gerät. Im ersten Schritt wird das Lager respektive die Unterkunft aufgebaut und hergerichtet. Es bietet sich an, eine Art mobile Feldwache aufzubauen mit möglichst realistischen Alarmierungsmöglichkeiten (Durchsagen, Funkmelder, etc.). Wenn dies durchgeführt worden ist, richten die Teilnehmer die Einsatzbereitschaft her und melden dies den Ausbildern.

Beobachtungen/Erkenntnisse aus der Praxis

Hier lässt sich schon ein wesentlicher Unterschied zum Einführungscamp erkennen: Die Teilnehmer wirken gefestigt und kennen sich untereinander bereits gut. Das Aufbauen geschieht ohne große Diskussionen und ohne Stagnation. Das war beim Einführungscamp in der Form nicht zu beobachten.

Die ersten Übungen

Die Ausbilder bereiten Einsatzübungen vor und starten in unregelmäßigen Abständen diese Übungen. Die Teilnehmer sollen in diesen Einsatzübungen unter realistischen Bedingung versuchen, das bereits erlernte Fachwissen in der Praxis zu vertiefen und dabei auch teamfördernde Faktoren zu beachten. Jede Übung erhält im direkten Nachgang eine Feedbackrunde, in der sowohl die fachlichen Aspekte als auch die teamorientierten Aspekte angesprochen werden.

Die Einsatzübungen laufen den ganzen Tag hindurch. Es gibt zwischen den Übungen immer wieder Pausen, um Mannschaft und Gerät zu regenerieren und um zu Essen und vor allem viel zu trinken.

Beobachtungen/Erkenntnisse aus der Praxis

In den Übungen war häufig zu beobachten, dass die einzelnen Teilnehmer nur den Blick auf ihre eigenen Aufgaben und Fehler hatten. Sie realisierten aber auch, wenn ein anderer Teilnehmer einen Fehler machte, korrigierten ihn jedoch nicht oder wiesen den Teilnehmer nicht darauf hin. Hier versuchten die Ausbilder darauf hinzuwirken, dass nur die Gruppe als Ganzes den Einsatzerfolg ausmachen würde. Sie versuchten die erlernten Erkenntnisse der Teilnehmer aus dem Einführungscamp

Bild 11:   *Ausbilder beim Vorbereiten von Einsatzübungen – auch hier immer wieder Teamarbeit!*

wieder in Erinnerung zu rufen und die Teilnehmer anzuhalten, auch auf ihre Nachbarn zu achten. Sie sollten versuchen, Fehler durch Mitdenken zu kompensieren.

Die Nachtübungen

Die Übungen laufen auch die Nacht hindurch, allerdings mit größeren Pausen bis in die Mitte des nächsten Tages hinein.

Ziel dieser Maßnahme ist es, die Teilnehmer kontrolliert und unter ständiger Aufsicht 36 Stunden in einen ebenfalls kontrollierten Einsatzstress zu bringen und so auch mal einen extremen Wachalltag nachzubilden. Der enorme Vorteil liegt hier in der Tatsache, dass die Teilnehmer durch Ausbilder permanent begleitet werden und dass das Einsatz- und Übungsaufkommen individuell an die Leistungsfähigkeit der Teilnehmer angepasst werden kann. Aber auch hier gilt es wie in der Realität: »Jederzeit kann ein Einsatz kommen, beim Essen, beim Schlafen, beim Duschen.« Dabei ist nicht jeder Einsatz spektakulär. Im Rahmen einer 36-Stunden-Schicht (der Normalfall sind ja bekanntlich die 24-, oder 12-Stundenschichten) kommen auch mal Fehlalarme vor.

Beobachtungen/Erkenntnisse aus der Praxis
Die Nachtübungen haben gezeigt, dass sich das Ausbilden und Üben bei Tag anderes darstellt als in der Nacht. Hier müssen die Teilnehmer auf genügend Beleuchtung achten. Die Sichtkontakte zu den Gruppenteilnehmern untereinander über große Distanzen sind nicht mehr vorhanden. Dies waren ebenfalls wichtige Erfahrungswerte für die Teilnehmer.

Das Nachbereiten der Übungen
Nicht nur das Durchführen und das Beobachten des Ablaufes einer Übung sind für Ausbilder von Interesse. Auch das Nachbereiten und das Wiederherstellen der Einsatzbereitschaft zeigen oftmals, ob die Teilnehmer verstanden haben, einander gegenüber sozial kompetent aufzutreten.

Auch das Durchführen von Ad-hoc-Interviews nach Einsatzübungen insbesondere für Auszubildende die für Führungsfunktionen vorgesehen sind, zählt zur Nachbereitung. Diese können und sollten auch spontan ohne Vorbereitungszeit für den Interviewten erfolgen.

Beobachtungen/Erkenntnisse aus der Praxis
Nach einigen Übungen und insbesondere in den Nachtstunden, in denen alle Teilnehmer sichtlich erschöpft vom Tag waren und somit leicht reizbar, ließen sich gut die wahren Verhaltenseigenschaften erkennen. Hier konnte gut beobachtet werden, wer hilfsbereit war und auch Arbeitsgeräte anderer Gruppenteilnehmer wegräumte und wer nicht. Zum Aufräumen nach der Einsatzübung wurde ebenfalls ein Feedback gegeben, wenn es nötig war.

Sicherheitshinweise
Das gesamte Ausbildungscamp, insbesondere das »Durchmachen« der Nacht, stellt für die Teilnehmer (und auch die Ausbilder!) natürlich eine enorme körperliche Belastung dar. Aus diesem Grund ist es unerlässlich, dass die Ausbilder immer auf die physische und psychische Konstellation der Teilnehmer (und auch sich selbst!) achten. Ein Übungsmisserfolg muss nicht immer eine Konsequenz aus fehlendem Fachwissen sein. Er kann auch aus Erschöpfung resultieren. Aus diesem Grund ist das richtige Verhältnis zwischen anspruchsvoller Einsatzübung und einem Standardeinsatz ohne große Anstrengungen (zum Beispiel einem Fehlalarm) durchaus wichtig.

Beobachtungen/Erkenntnisse aus der Praxis
Es war ebenfalls von großer Bedeutung, Ausbilder mitzuführen, die die Teilnehmer und ihr Leistungs- und Wissenspotenzial gut einschätzen konnten und kannten.

Bild 12:   *Durchführung von realistischen TV-Interviews*

Denn sie konnten am ehesten auf diese Anzeichen reagieren und traumatischen negativen Erfahrungen vorbeugen, indem sie rechtzeitig Regenerationsphasen einlegten oder auch die Teilnehmer durch direkte Ansprachen motivierten. Aussagen, wie »Ich weiß doch, dass sie das können.«, hatten einen Motivationsschub der Teilnehmer zur Folge.

Reflexion
Grundsätzlich erfolgt ein Feedback durch die Ausbilder nach jeder Übung. Hier werden in der Regel aber vorwiegend die fachspezifischen Punkte angesprochen. Auch die Teilnehmer sollten die Gelegenheit haben, nach der »Einsatzschicht« oder zum Ende der Ausbildungsmaßnahme hin, diese für sich selbst zu reflektieren.

Beobachtungen/Erkenntnisse aus der Praxis
Grundsätzlich ist nach Auswertung aller Reflexionen als Gesamtergebnis festzuhalten, dass die Teilnehmer diese Ausbildungsmaßnahme als enorm anspruchsvoll und anstrengend empfanden, aber auch gleichzeitig als eine der motivierendsten und lehrreichsten Maßnahmen. Sie vermittelte das Gruppengefühl, den Abenteuereffekt

und eine Konzentration von Einsatzübungen, die es so im alltäglichen Ausbildungs-
alltag nicht gibt.

Abschluss
Nach dem Beenden der fiktiven Einsatzdienstschicht ist es wichtig, einen gemein-
samen Abend ohne fiktive Einsatzbereitschaft durchzuführen. Hier gibt es Gelegen-
heit, sich ausgiebig und ausführlich über die Übungen oder über völlig andere
Themen zu unterhalten. Der gesellige Teil sollte hier im Vordergrund stehen Dieser
Abend dient als Erholung und Entspannung für die Rückfahrt am nächsten Tag.

Beobachtungen/Erkenntnisse aus der Praxis
In dieser Zeit konnte sehr gut beobachtet werden, wie die Last von den Teilnehmern
abfiel. Die Ausbilder sorgten hier bewusst auch für eine lockere Atmosphäre. Ein
kleines sportliches Freundschaftsspiel wie zum Beispiel Fußball oder Volleyball
zwischen Teilnehmern und Ausbildern sorgte für weitere Entspannung.

Fazit
Abschließend bleibt festzustellen, dass die Durchführung des hier vorgestellten
Ausbildungscamps bei der Berufsfeuerwehr Mülheim an der Ruhr bereits nach
kurzer Zeit durchweg positive Rückmeldungen erzielt hat, obgleich es auch immer
wieder weiterentwickelt wurde. Ausbilder und Teilnehmer sind nach wie vor von der
Bedeutung dieser Maßnahme überzeugt. Sie genießt eine enorme Wertschätzung.

Alleine der Event-Charakter macht diese Ausbildungsmaßnahme zu einem
besonderen Abenteuer im Gesamtausbildungsplan jeder Organisation und fördert
Werte und Lernerfolge, die mit konventionellen Lehrmethoden und rein theoretischen Ansätzen nachhaltig nicht zu erzielen sind.

5.3   Feldstudie: »Das Wachpraktikum« – Die Umsetzungsphase (on-the-job) in der Praxis

In der Umsetzungsphase werden die Erkenntnisse aus der Einführungsphase und der
Lernphase im unmittelbaren Berufsfeld angewandt. Hier sollen die Teilnehmer die
Erfahrungen und das Erlernte über sich selbst und das Team in der Realität zur Lösung
von Aufgaben anwenden.

Dies geschieht im Rahmen von Wachpraktika, Übungsdiensten oder Einsatzübungen. In dieser Phase steht der Teilnehmer nicht mehr permanent unter Kontrolle

Bild 13:   *Einsatzübung im Wachpraktikum*

oder Aufsicht, sondern es wird in der Regel nach der Auftragstaktik verfahren und das später vorliegende Ergebnis beurteilt. Das heißt, die Teilnehmer werden einzeln einem bereits erfahrenen Kollegen oder Kameraden zur Seite gestellt, der dann mit dem Teilnehmer zusammen den realen Einsatz oder die Einsatzübung abarbeitet und nur dann in das Handeln des Teilnehmers eingreift, wenn zu erwarten ist, dass von seinem Handeln ein Schaden ausgehen kann. Die Erfahrungen und Leistungen werden in der Regel mit einem erfahrenen Ausbilder durchgesprochen und ggf. noch vorhandene Defizite aufgezeigt.

In dieser Phase der Ausbildung ist in allen Bereichen ein breites Wissen vorhanden und somit ist hier der Lenkungsgrad im Idealfall sehr gering.

6 Erweiterung des 5-Phasenmodells – Die sechste Parallelphase

Aus den durchgeführten Feldstudien sind im Laufe des angesetzten Zeitraums valide Evaluationsdaten, Beobachtungswerte und Erkenntnisse entstanden. Die Auswertung der Daten und konstruktiven Schlussfolgerungen ergeben die Hypothese das Phasenmodell um eine sechste Parallelphase zu erweitern.

Während die meisten Modelle der Teamentwicklung über vier Stufen verfügen und sich in der Regel auf kurzweilige Projektteams beziehen, ist bei der Teamentwicklung von Einsatzkräften und der damit einhergehenden Betrachtung der einzelnen Phasen ein fünfstufiges Modell somit geeigneter, um ein übersichtliches Grundteam zu entwickeln (vgl. auch Kapitel 2.1).

Später ergibt sich noch die Herausforderung, die einzelnen Teams zu einem Gesamtteam von Einsatzkräften zusammenzuführen.

Diese Zusammenführung lässt sich jedoch nicht allumfassend im bestehenden Phasenmodell erfassen. Somit wird vorgeschlagen, das Phasenmodell neben der sechsten Phase – der Auflösungsphase – um eine sechste Parallelphase zu erweitern. Diese Erweiterung wird im Folgenden als Adaptions- und Expansionsphase beschrieben.

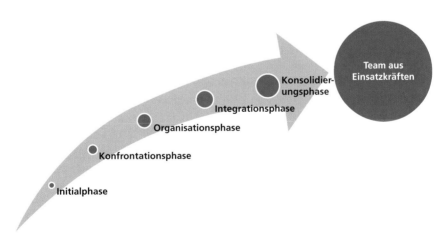

Bild 14: *Das 5-Phasenmodell der Entwicklung zu einem Grundteam bei Einsatzkräften (In Anlehnung an (Becker, 1994))*

Phase 6 a: Die Auflösungsphase

Mit dem Durchlauf der Konsolidierungsphase ist der Teamentwicklungsprozess zunächst abgeschlossen. Im Idealfall ist ein kompetentes und funktionales Team entstanden. Dieser Zustand bringt allerdings auch gleichzeitig die Gefahr des Zerfalls mit sich. Tuckman hat dies unter dem Terminus der Auflösungsphase 1977 beschrieben (Tuckman, 1977). In dieser Phase kann das Team wieder zerfallen, wenn nach dem Bildungsprozess die Teammitglieder eigene Wege gehen und nicht mehr als Team zusammenarbeiten. Diese Gefahr besteht ebenfalls bei der Teamentwicklung von Einsatzkräften. Sie verlassen nach dem Lehrgangsabschluss die Gruppe und gehen in ihre Einsatzeinheiten oder arbeiten mit anderen Einsatzkräften (die auch Teamentwicklungsprozesse absolviert haben) zusammen.

Phase 6 b – erweiterte Parallelphase: Die Adaptions- und Expansionsphase

Insbesondere hier wird die Definition einer Phase vorgeschlagen, die in den bisherigen wissenschaftlich definierten Phasen nicht eindeutig platziert werden kann. Diese Phase beschreibt die Adaption bereits entwickelter Teammitglieder an andere Teammitglieder der gleichen Sparte und mit gleichen Teamfähigkeiten. Einzelne Teams werden in dieser Phase zu einem Gesamtteam von Einsatzkräften zusammengeführt und die geförderten und erlernten Eigenschaften aus der Zeit der individuellen Teamentwicklung werden gefestigt und immer wieder neu gestärkt. In dieser Phase treffen Personen aufeinander, die im Vorfeld keinen Kontakt zueinander hatten. Trotz dieses Umstandes ist zu beobachten, dass sie sofort miteinander zusammenarbeiten, als hätten sie zuvor zusammen alle Teamentwicklungsphasen durchlaufen und würden sich in der Konsolidierungsphase befinden.

Diese Phase setzt jedoch Normierungsfaktoren voraus, die im Rahmen der Teamentwicklung geschaffen werden müssen und deren Funktion erst in dieser neuen Phase eingesetzt werden können.

Beispielsweise müssen kleinste gemeinsame Nenner geschaffen werden, die es den Einsatzkräften ermöglichen, auch mit fremden Einsatzkräften der gleichen Sparte vorbehaltlos ein Team zu bilden, um der Sache und dem Auftrag zu dienen. »Ich bin ein Feuerwehrmann, Du bist Feuerwehrmann, also sind wir von der Natur der Sache her bereits ein Team. Wir wären nicht an dieser Stelle zusammengetroffen, wenn wir nicht in der Lage wären, zusammen ein Team zu bilden.«

In dieser Phase bilden sich quasi schnell neue Teamkonstellationen in größeren Ausmaßen ohne einen erneuten detaillierten Entwicklungsprozess durchlaufen zu müssen.

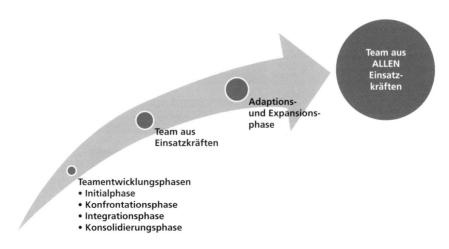

Bild 15: *Erweitertes Phasenmodell*

Da sie nicht eindeutig und ausschließlich als Konsolidierungsphase oder auch im Vergleich zum Modell von Tuckman ausschließlich als Performing-Phase allumfassend abzubilden ist, könnte sie begrifflich eigenständig angesehen werden. Ein Vorschlag wäre, diese Phase als »Adaptions- und Expansionsphase« zu beschreiben.

Alle Phasen und Möglichkeiten im Überblick:

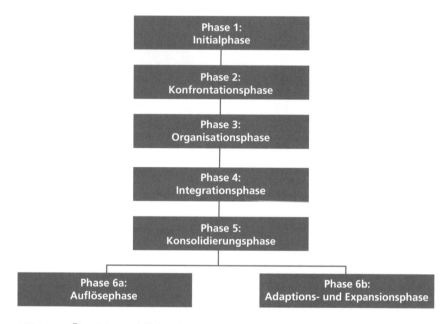

Bild 16:   *Übersichtsmodell der Phasen*

7 Ergebnisse und Erfahrungswerte für die Anwender

Aus den durchgeführten Feldstudien und den damit verbundenen Evaluationsdaten, Beobachtungswerten und Erkenntnissen ergaben sich neben der Hypothese für die Wissenschaft auch Ergebnisse und Erfahrungswerte für die unmittelbaren Anwender dieser Methoden in der Praxis. Diese Ergebnisse und ihre konstruktiven Schlussfolgerungen werden im folgenden Kapitel vorgestellt. Als wesentliche Ergebnisse sind die Darstellung wichtiger Motivationsparameter und insbesondere die Festlegung von Sicherheitsstandards zu nennen.

7.1 Motivieren

In den beschriebenen Beobachtungsberichten ist zu erkennen, dass von allen Teilnehmern eine enorme Leistung verlangt wird. Sie werden sowohl physisch an ihre Grenzen geführt als auch in Teilbereichen psychisch neue Erfahrungen machen. Auch ist nachvollziehbar, dass insbesondere unmittelbar am ersten Tag der Ausbildungsmaßnahme die Angst vor dem Unbekannten die persönliche Gedankenwelt eines jeden Einzelnen prägt. Da die Motivation der Teilnehmer einen wesentlichen Faktor für den gesamten Zeitraum der einzelnen Maßnahme darstellt, ist es sehr wichtig, diese insbesondere in der Startphase der Ausbildungsmaßnahmen zu fördern und zu unterstützen.

Dies kann z. B. mit einer gut vorbereiteten Redestrategie zielführend und wirksam in Form einer Ansprache erreicht werden. Diese ist im Grunde genommen ähnlich wie eine »Blut-Schweiß-und-Tränen-Rede«, die auch gelegentlich von renommierten und wortgewandten Politikern gewählt wird. Giuseppe Garibaldi (Rom, 1849), Sir Winston Churchill (London, 1940) oder auch Gerhard Schröder (Agenda 2010) verwendeten Reden mit einem prägenden Charakter.

Diese Art von Rede beschreibt den Teilnehmern zum einen ehrlich, was ihnen bevorsteht, und verdeutlicht auch, dass sie persönliche Opfer bringen müssen, um das Ziel zu erreichen. Diese Opfer beziehen sich auf unterschiedliche Bereiche. Es sind körperliche Opfer, in Form von Erschöpfung, Muskelkater oder vielleicht auch mal einer Blase am Fuß. Es können auch persönliche Opfer sein, wie das Sich-Unterordnen in einer Gruppe und die fehlende persönliche Freiheit und Privatsphäre in den Tagen während der Ausbildungsmaßnahme.

Aus diesen Gründen ist es wichtig, den Teilnehmern zu Beginn und auch zwischendurch mit gezielten Ansprachen Motivation zu geben, sie zu stärken und ihnen regelmäßig den Sinn und die Wichtigkeit der Entbehrungen zu erklären.

Die Rede selbst sollte von einer Person von erhöhter Stellung im Gesamtgefüge durchgeführt werden. Dies kann der Leiter der Maßnahme oder Organisation sein. Folgende Punkte sollten dabei exemplarisch berücksichtigt werden:

- Erklären Sie die Ausbildungsveranstaltung:
  Was ist das Ziel dieser Veranstaltung, wie ist der Ablauf?
  Den Teilnehmern muss erklärt werden, dass sie mehrere Gruppenaufgaben gestellt bekommen, die sie erledigen müssen. Schaffen sie das nicht, erfolgt eine Konsequenz, da jede Gruppenübung einen Bezug zur Realität und zu ihrem späteren Berufsleben darstellt. Ein Versagen in ihren späteren Tätigkeitsbereichen bringt somit auch Konsequenzen mit sich, nicht zuletzt für die Menschen, die später durch die Einsatzkräfte gerettet werden sollen.

- Formulieren Sie ihre Erwartungen an die Teilnehmer:
  Was machen die Teilnehmer hier, was sollen sie zeigen?
  Erklären Sie die Distanz zwischen Ausbilder und Teilnehmer. Die Ausbilder sind nicht Teil der Teilnehmergruppe und die Teilnehmer nicht Teil der Ausbildergruppen, auch wenn man sich gut kennen sollte.

- Erläutern Sie die Feedbackrunde:
  Teilen Sie den Teilnehmern mit, dass sie im Anschluss jeder Übung ein kurzes Feedback bekommen. Geben sie Verhaltenshinweise an die Teilnehmer für die Feedbackrunde heraus.
  Kurze Feedbackrunde heißt:
  - Die Teilnehmer treten ordentlich an und hören aufmerksam zu.
  - Die Teilnehmer erhalten das Feedback von den Ausbildern.
  - Ein Feedback ist immer einseitig. Das heißt, die Teilnehmer nehmen die Aussagen auf und denken darüber nach. Ein Feedback ist keine Diskussionsrunde und dient nicht der Rechtfertigung.

- Fordern Sie die Teilnehmer auf, Probleme anzusprechen:
  Mögliche Leistungsdefizite, die zu Problemen führen können, sollen die Teilnehmer selbst ausdrücklich ansprechen. Sätze, wie »Wenn Sie nicht mehr können und Ihre körperliche Leistungsgrenze erreicht haben, dann sagen Sie das den Ausbildern laut und deutlich, damit diese reagieren können.«, können hier hilfreich sein.

- Eine Rede sollte mit kräftigen Sätzen beendet werden:
  Nutzen Sie Formulierungen wie: »Wir werden Sie in den nächsten Tagen an Ihre Grenzen bringen, damit Sie diese in Zukunft realistisch einschätzen können. Wir wollen Ihre Leistung sehen! Wir wissen, dass sie das können und glauben auch daran! Zeigen Sie uns, dass wir die richtigen Leute ausgewählt haben! Zeigen Sie uns, dass sie die richtigen Leute für diese Tätigkeit sind! Zeigen Sie uns, dass sie zu uns passen! Zeigen Sie uns, dass Sie in unserem Team sind!«

Motivation ist der Treibstoff für den Teammotor.

Bild 17:   *Ausbilder und Teilnehmer bei der Durchführung der Motivationsrede*

7.2 Ausbilderqualifikationen und Verhaltenshinweise für Ausbilder

Da es ein Ziel der Erlebnispädagogik ist, die Teilnehmer mit Grenzerfahrungen zu konfrontieren, ist es enorm wichtig, dass die Ausbilder über entsprechende Kenntnisse in der Erwachsenenbildung verfügen. Hier sollten von den Ausbildern entsprechende Lehrgänge besucht worden sein, die Methodik und Didaktik vermitteln. Darüber hinaus ist es sehr ratsam, diese besondere Art von Ausbildungsveranstaltungen durch entsprechende Fachexperten (Psychologen, Pädagogen) begleiten zu lassen. Dadurch können die ausgewählten Ausbilder weitere wichtige Verhaltensweisen und Werkzeuge erlernen. Auch sollten die Ausbilder, die diese Maßnahmen begleiten, nicht ständig wechseln, da auch der Erfahrungswert eine wichtige Rolle im Hinblick auf Qualitätssicherung spielt.

 Erlebnispädagogik ist keine triviale Ausbildungsmaße. Sie erfordert geeignetes und kompetentes Ausbilderpersonal.

Je stärker das Zusammengehörigkeitsgefühl möglichst aller Ausbilder ist und je ähnlicher die Auffassung über das Selbstverständnis der Ausbilder ist, desto größer wird der Erziehungs- und Bildungserfolg sein (Prüfert und Bleeck, 1993).

Aus diesem Grund ist es ratsam, dass sich alle Ausbilder in bestimmten Situationen und im Umgang mit den Teilnehmern ähnlich verhalten. Die Teilnehmer sollen Leistung zeigen können und zueinander finden können. Es ist nicht zielführend, Teilnehmer vorzuführen oder bloßzustellen. Dieser Eindruck kann jedoch schnell durch unbewusstes Verhalten der Ausbilder entstehen, so zum Beispiel durch »Belächeln« oder »Auslachen«. Dabei muss in der eigentlichen Situation noch nicht einmal der Teilnehmer selbst gemeint sein – auf den Teilnehmer kann dies aber so wirken.

Deshalb sollten ein Verhaltenskodex oder Verhaltenshinweise für Ausbilder definiert werden, die mindestens aus den nachfolgend vorgestellten Punkten bestehen und die Ausbilder direkt ansprechen.

Die Formulierungen sind beispielhaft und sinngemäß. Der Schwerpunkt liegt auf dem Informationsgehalt:

- »Ihr tragt eine große Verantwortung! Seid Euch immer dessen bewusst!«
- »Seid und bleibt immer ernst in jeder Situation!«

- »Lacht niemals die Teilnehmer aus! Vermeidet grundsätzlich Lachen im Umgang mit den Teilnehmern, da dies als Lächerlich-Machen gedeutet werden kann – auch wenn der Grund nichts mit dem Camp oder den Teilnehmern zu tun hat!«
- »Sicherheit geht vor und muss den Teilnehmern ständig gezeigt werden! Lasst z. B. bei Übungen mit Seilen öffentlich den Knoten von einem 2. Ausbilder kontrollieren und sagt das laut und deutlich! Erfüllt zu jeder Zeit die Sicherheitsstandards!«
- »Beobachtet ständig die Reaktion der Teilnehmer und reagiert sensibel auf Auffälligkeiten und wenn es nur der Austausch mit einem anderen Ausbilder ist! Z. B. »Siehst Du das genauso wie ich?« »Ist Dir das auch schon aufgefallen?««
- »Versucht, auf körperliche Schwächen zu reagieren. Bevor eine Gruppen-übung zu eskalieren droht, setzt das Ziel der Übung ggf. herab oder ändert es unbemerkt ab, z. B. mehr Zeit geben! Das heißt aber nicht, dass eine Übung nicht auch mal scheitern darf!«
- »Lasst die Teilnehmer nach jeder Übung antreten und gebt ein kurzes Feedback. (Hinweis: Feedback soll nicht in einer Rechtfertigung/Diskussion enden. Feedback bedeutet: Nur Ausbilder geben eine gezielte und kurze Rückmeldung zur Übungsaufgabe ab.) Die Teilnehmer nehmen das Feedback auf und die Übung ist beendet.«
- »Übergebt die Teilnehmer ordnungsgemäß und deutlich an die nächste Station. Nutzt hierfür Formulierungen wie z. B. »Die Übung ist jetzt beendet. Sie marschieren jetzt zu Station 4, dort nimmt sie Ausbilder »Meier« in Empfang.««
- »Füllt die Beobachtungsbögen aus und bereitet Euch auf die Ausbilder-Reflexion am Abend vor.«
- »Konsequenzen für Fehlverhalten oder Nicht-Erreichen eines Aufgaben-ziels müssen sein, sie müssen aber nachvollziehbar, begründbar und dürfen nicht willkürlich sein. Verwendet Formulierungen wie z. B. »Sie haben die Aufgabe nicht in der vorgegebenen Zeit erfüllt. Zeit ist aber in unserem Beruf enorm wichtig. Deshalb möchte ich von Ihnen zehn ordentliche Liegestütze sehen. Jetzt!««
- »Ausbilder kleiden sich einheitlich und sind somit Vorbild für alle Teil-nehmer. Es erfolgt eine Absprache unter den Ausbildern.«
- »Es muss erkennbar sein, dass die Ausbilder ein Team sind – lebt den Teilnehmern das vor!«

7

85

- »Den Teilnehmern immer klare Anweisungen in Befehlsform geben. Also laut, deutlich und emotionslos sprechen. Keine lapidaren Redensarten verwenden, wie z. B. »Äh, ja, war ok, bitte gehen Sie zur nächsten Station...««
- »Um ein mögliches dynamisches Extremverhalten von Ausbildern gegenseitig abfangen zu können, ist folgendes Codewort zu nennen: »Chefanrufen«. Mit Äußerung dieses Codewortes soll der agierende Ausbilder darauf aufmerksam gemacht werden, dass er gerade dabei ist, sein Ziel zu überschreiten und er einen Gang zurückschalten soll. Jeder Ausbilder darf und soll jeden Ausbilder unabhängig vom Dienstgrad darauf aufmerksam machen können.«
- »Die Gruppe soll die Lösung einer Aufgabe selbst herausfinden. Somit möglichst niemals helfen, es sei denn, die Gruppenübung scheitert komplett.«
- »Während der Übungen möglichst wenig mit den Teilnehmern reden. Sie sollen sich auf ihre Aufgabe konzentrieren.«
- »Absolute Distanz wahren! – Ausbilder und Teilnehmer sind zwei getrennte Gruppen mit großer Distanz zueinander.« (vgl. Kapitel 7.7 und 7.8).

7.3   Sicherheitsstandards und Risikomanagement

Die Sicherheit spielt insbesondere bei Einsatzkräften eine große Rolle. Sie ist das Kernthema bei jeder Rettungs- und Ausbildungsaktion. Aufgrund der alltäglichen enormen Präsenz dieses Themas, scheint ein besonderer Hinweis hierauf nahezu überflüssig zu sein.

Aber da die Ausbildungsform der Erlebnispädagogik in vielen Bereichen mit Abenteuer und Spaß verbunden ist, tritt hier das Sicherheitsbewusstsein häufig in den Hintergrund. Dies stellt eine valide Gefahr dar. Die Sicherheit in der Erlebnispädagogik gilt so als ein besonders wichtiges Merkmal, dass sehr wohl noch einmal hervorgehoben werden muss. Es ist zwingend erforderlich, eine Risikoabschätzung sowie die Bildung von Standards und Regeln durchzuführen. Der Verzicht auf Sicherheit in der Erlebnispädagogik ist grob fahrlässig und stellt ein unseriöses und unprofessionelles Verhalten dar.

Die grobe Fahrlässigkeit ist als Rechtsbegriff de jure nicht definiert. Sie liegt jedoch vor, wenn die im Verkehr und Umgang erforderliche Sorgfalt in besonders schwerem Maße verletzt wurde, also dann, wenn schon ganz naheliegende Überlegungen nicht angestellt wurden und das nicht beachtet wurde, was im gegebenen Fall jedem einleuchten musste (Brudermüller et al., 2016).

Erlebnispädagogik ohne Risikomanagement und Sicherheitsstandards ist grob fahrlässig und unseriös.

Das Reduzieren des Risikos schafft Sicherheit, obgleich es diese nicht zu 100 Prozent gibt. Eine gute Vorbereitung der Ausbildungsmaßnahme ist eine Grundvoraussetzung und das Fundament der Sicherheit. Darüber hinaus dienen folgende Leitsätze als Grundgerüst der Sicherheit für erlebnispädagogische Ausbildungsmaßnahmen. Sie sind als Sicherheitsstandards respektive Sicherheitsrichtlinien zu verstehen. Obgleich sie nicht abschließend sind und an die entsprechenden Ausbildungsmaßnahmen angepasst werden müssen, sind sie universell anwendbar und bilden das grundlegende Risikomanagement.

Sicherheit ist die Reduktion von Risiko.

Sicherheit erfasst das komplette Event

Die Sicherheit muss sich bei einem Event in allen Bereichen und in allen Personalebenen wiederfinden. Ob Teilnehmer, Ausbilder oder Übungsbeobachter. Alle sollten über die verwendete Ausrüstung und über das Umfeld – wo sind z. B. Krankenhäuser – informiert sein. Es sollte immer ein Rettungswagen mit ausgebildetem Personal bereitstehen. Ein Kommunikationsplan regelt und zeigt die Erreichbarkeiten untereinander und zu externen Stellen, wie dem nächsten Krankenhaus, der Polizei oder der Feuerwehr und Rettungsleitstelle. Es sollte also ein Sicherheitskonzept erstellt werden, das z. B. im Rahmen eines Ausbilderskripts erfasst und berücksichtigt wird (Perschke, 2003).

Sicherheit durch Verhaltensregeln

Damit erst gar nicht die Gefahr von sich dynamisch einschleichender Unsicherheit entsteht, ist insbesondere bei Ausbildern eine Regelung des Verhaltens wichtig. Ein Verhaltenskodex beschreibt das Verhalten der Ausbilder in bestimmten Situationen und kann somit Sicherheit für die gesamte Veranstaltung erbringen.

Subjektives Gefahrenerlebnis – objektives Risikomanagement

Gefahren werden durch Teilnehmer subjektiv erlebt. Hier ist zu beachten, dass das Risiko, welches die Teilnehmer erleben, objektiv durch Fachpersonal bewertet wird und mittels Sicherheitsvorkehrungen in einem akzeptablen Rahmen gehalten wird. Das Abseilen von einem Feuerwachturm ist z. B. für viele Teilnehmer ein Extremerlebnis und aus ihrer Sicht gefährlich und riskant. Durch die Durchführung von Fachpersonal (Höhenretter/Absturzsicherungsspezialisten) ist es jedoch ein objektiv kalkulierbares Risiko (Perschke, 2003).

Fachliche Leiter für alle Schwerpunktbereiche im Event

Fachliche Leiter für alle Bereiche sollen das Event begleiten oder kontrollieren. Für den technischen Teil reichen Feuerwehrausbilder. Für den pädagogischen Teil sollten Pädagogen das Event begleiten oder in Teilbereichen beiwohnen, Ausbilder beraten oder in Teilbereichen Reflexionsrunden anleiten.

Expertenwissen aus mehreren Bereichen ist Notwendig für das Gelingen der Maßnahme.

Sicherheitsreserven einplanen

Durch genügend Ausbilder soll vermieden werden, dass einzelne Ausbilder an die Leistungsgrenzen kommen und ggf. riskante Fehleinschätzungen treffen (Perschke, 2003).

Ausbilder müssen kompetent und erfahren sein

Die Ausbilder, die solche Veranstaltungen durchführen, sollten in sich geschlossen ein Team bilden. Sie sollten über Erfahrung in fachlichen Bereichen und in der Durchführung dieser Art von Veranstaltungen verfügen und möglichst über mehrere Veranstaltungen zusammenwachsen. Ein Wechsel mit immer neuen Ausbildern ist störend und mindert die Konstanz.

Ständige Aufmerksamkeit

»Gefahren lauern immer und überall« ist eine allgemein bekannte Redensart – seien sie technischer Art oder psychologischer Art. Nicht nur der Knoten beim Abseilen muss ständig überprüft werden, sondern auch das Verhalten der Ausbilder im Umgang mit den Auszubildenden muss ständig untereinander beobachtet werden. Falsch interpretiertes Lachen kann ungewollte Empfindungen bei den Auszubildenden verursachen, z. B. das Gefühl vermitteln, dass sich die Ausbilder über die Auszubildenden lustig machen.

Vier-Augen-Prinzip

Maßnahmen, bei denen eine latente Verletzungsgefahr besteht, sollten immer durch zwei Ausbilder kontrolliert werden, z. B. Knoten bei Abseilübungen (Senninger, 2000).

Einen Übungsleiter oder Sicherheitsbeauftragten des Tages benennen

Er wird mittels Warnweste besonders kenntlich gemacht, um ihm auch optisch und psychologisch die Verantwortung zu übergeben. Er ist verantwortlich für die Einhaltung der Sicherheitsstandards. Das heißt, er überprüft stichprobenartig die Ausbilder und die Maßnahmen. Er gibt das Startsignal und koordiniert den Übungsablauf. Er verhindert so zum Beispiel, dass bei Realbrandübungen zwei Übungen gleichzeitig starten und so ggf. Wasserreserven zu schnell verbrauchen oder situativ zu wenig Sicherheitstrupps bereitstehen würden.

Notausgänge festlegen und Codewörter absprechen

Es müssen Sicherheitsmaßnahmen gebildet werden, damit ständig ein Ausgang aus für die Teilnehmer subjektiv gefährlichen Situationen gegeben ist. Darüber hinaus müssen auch Sicherheitsmaßnahmen für ein mögliches Fehlverhalten von Ausbildern geschaffen sein. Das heißt, ein Ausbilder, der in seinem Verhalten plötzlich situativ über sein Ziel hinausschießt, muss mittels eines »Code-Satzes« wieder eingefangen werden können, ohne dass die Teilnehmer etwas davon mitbekommen. Vorher vereinbarte Sätze wie, »Du sollst mal sofort dringend den Chef anrufen!« können den überagierenden Ausbilder in seiner Situation unterbrechen oder ihn aktiv aus der Situation hinausführen und eine zeitweilige Übernahme einleiten: »Herr Müller muss mal dringend den Chef zurückrufen, ich übernehme so lange für ihn.«

Für Teilnehmer bedeutet dies, wenn sie nicht mehr können oder an ihre Leistungsgrenzen gekommen sind, sollen Sie dies deutlich sagen oder auch ggf. ein vereinbartes Codewort, wie z. B. »Mayday«, rufen.

Eskalationsmaßnahmen festlegen

Was passiert, wenn eine Übung zu scheitern droht oder gar mehrere Übungen nicht gelingen? Stichwort: Gefahr der Demotivation.

Hier ist es ratsam, rechtzeitig die Richtwerte und die Messlatte der Übung herunterzusetzen und zwar so, dass die Teilnehmer die Erleichterung nicht als Reaktion der Ausbilder mitbekommen.

Verhinderung negativer Gruppendynamik

Es ist enorm wichtig, dass die Ausbilder sensibilisiert sind für Äußerungen der Teilnehmer untereinander und deren Wirkung auf sich selbst, aber auch für die eigenen Aussagen in Richtung der Teilnehmer. Mobbingansätze sollen frühzeitig erkannt und eliminiert werden – Null-Toleranz-Strategie.

Existenzängste verhindern

Für viele Teilnehmer ist die berufliche Ausbildung in diesem Bereich eine Existenzfrage. Für ehrenamtliche Teilnehmer nahezu ein Lebenstraum. Es ist somit wichtig, dass die Ausbilder dies auch realisieren und sich bewusst sind, dass sie in der Lage sind, Lebensträume und Existenzen zu zerstören. Es ist enorm wichtig, immer einen Weg zu finden, Teilnehmer, die aufgeben möchten, verletzt oder erschöpft sind, wieder in die Übung zu integrieren. Ihnen muss in jedem Fall das Gefühl vermittelt werden, dass sie dazu gehören oder ihr Ausscheiden aus der Gruppe aufgrund von Faktoren höherer Gewalt (Verletzung, die die weitere Teilnahme unmöglich machen, z. B. Ausscheiden aufgrund eines nicht ausgeheilten grippalen Infekts) keinen Nachteil für sie mit sich bringt und sie noch genug Zeit haben, sich ins Team zu integrieren.

Äußerliche Gefahren einkalkulieren

Erlebnispädagogische Maßnahmen und spätere Einsatzübungen finden in der Regel unter freiem Himmel oder idealerweise in der Natur statt. Dies birgt neben einer möglichst ungestörten Umgebung auch die Gefahr, vom Wetter abhängig zu sein. So besteht immer die latente Gefahr, von Unwettern betroffen zu werden. Es ist absolut unerlässlich, sich ständig über aufziehende Wettergefahren zu informieren und ggf. die Ausbildungsmaßnahme rechtzeitig zu unterbrechen und alle Beteiligten in Sicherheit zu bringen. Erlebnispädagogik bei Unwetter ist lebensgefährlich und unprofessionell! Es ist empfehlenswert, die allgemeine Wettervorhersage sowie die 10-Tages-Prognose des amtlichen Deutschen Wetterdienstes und auch den ständigen Gefahrendienst des Deutschen Wetterdienstes zu beachten.

 Erlebnispädagogik + Unwetter = Lebensgefahr!

7.4 Beobachtungshilfen für Ausbilder

Eine wesentliche Aufgabe der Ausbilder neben dem Vorbereiten und Durchführen der Gruppenübungen ist das aktive Beobachten der Teilnehmer. Dies geschieht zum einen, um ihre Sicherheit gerade bei physischen Übungen zu gewährleisten, und zum anderen, um ihren Entwicklungsprozess bei der Teamentwicklung zu beobachten und zu dokumentieren. Als Beobachtungshilfe kann ein Beobachtungsbogen, den die Ausbilder ausfüllen, ein gutes Instrument sein, insbesondere weil so immer die gleichen Kriterien berücksichtigt werden. Das Verzichten auf eine Beobachtungshilfe resultiert in der Regel in Beobachtungen, die unsortiert, unstrukturiert und willkürlich zusammengetragen und erfasst wurden. Der Entwicklungsprozess der Teilnehmer untereinander ist nicht mehr vergleichbar.

Allgemeine mögliche Beobachtungskriterien (Jeserich et al., 1990) könnten sein:

Sensibilität
- Erkennt der Teilnehmer Probleme?
- Berücksichtigt der Teilnehmer Gefühle und Bedürfnisse anderer bei seiner Zielsetzung?
- Kennt der Teilnehmer seine eigene Wirkung auf andere?

Kontaktfähigkeit
- Geht der Teilnehmer von sich aus auf andere zu und beginnt ein Gespräch?
- Initiiert und startet der Teilnehmer die Gruppendiskussion?
- Legt der Teilnehmer seine Ziele, Methoden und Lösungsansätze offen?
- Bietet der Teilnehmer seine Hilfe und Beratung an?
- Bringt der Teilnehmer anderen Vertrauen und guten Willen entgegen?

Kooperation
- Greift der Teilnehmer fremde Meinungen auf und führt sie weiter?
- Hilft der Teilnehmer anderen aus Schwierigkeiten, z. B. aus Wortfindungsstörungssituationen?
- Setzt der Teilnehmer sich nicht auf Kosten anderer durch?
- Teilt der Teilnehmer Erfolgserlebnisse mit anderen?
- Lobt der Teilnehmer andere für ihre Ideen oder Leistungen?
- Motiviert der Teilnehmer andere Teilnehmer, sich mehr am Lösungsprozess zu beteiligen: »Was sagst du denn dazu?«

7

Integration
- Erkennt der Teilnehmer, wo und wodurch Konflikte entstehen und strebt Lösungen an?
- Definiert der Teilnehmer Spielregeln?
- Geht der Teilnehmer auf Vorschläge ein, ohne seine eigene Idee zu verwerfen?
- Richtet der Teilnehmer unterschiedliche Sichtweisen der anderen auf das gleiche Ziel (im Sinne des Problemlösungsprozesses)?
- Integriert der Teilnehmer sich in das Team oder muss er ständig aufgefordert werden, mitzumachen und sich einzubringen?

Informationsaustausch
- Versorgt der Teilnehmer andere mit Information?
- Teilt der Teilnehmer sein Fachwissen mit und erklärt es anderen?
- Hält der Teilnehmer keine wichtigen Informationen zurück?
- Hört der Teilnehmer zu und lässt andere ausreden?
- Bringt der Teilnehmer andere Teilnehmer dazu, seine eigenen Fragen zu beantworten?

Selbstkontrolle
- Reagiert der Teilnehmer auf Angriffe aggressiv?
- Wird der Teilnehmer laut?
- Erzeugt der Teilnehmer bei anderen Spannung oder Aggression?
- Ist die Stimmungslage des Teilnehmers vorhersehbar?

Situationen, in denen soziale Fähigkeiten und Verhaltensweisen beobachtet werden können
- Erkennt er die Notsituation anderer und hilft er ihnen dann?
- Setzt er eigene Meinung nicht auf Kosten anderer durch?
- Stellt er Gruppenergebnisse über Eigenprofilierung?
- Schützt er Minderheiten?
- Formuliert er Bedürfnisse und Sorgen anderer Teilnehmer mit eigenen Worten und bietet Lösungsmöglichkeiten an?

Ein Beispiel für eine andere mögliche Beobachtungshilfe ist eine Gegenüberstellung von Positiv-Negativ-Aussagen mit Generierung von Tendenzen:

Beobachtungsbogen für Ausbilder

Name des Ausbilders für Rückfragen: _____ Datum: _____
Name des Teilnehmers: _____ Uhrzeit: _____
Übung: _____

Punkteschema zur Erklärung:

2   positive Aussage trifft vollkommen zu
1   tendiert in Richtung der positiven Aussage
0   neutral oder kann nicht bewertet/beobachtet werden
(–1)   tendiert in Richtung der negativen Aussage
(–2)   negative Aussage trifft vollkommen zu

Tabelle 2: *Beobachtungsbogen für Ausbilder*

Übergeordnetes Kriterium	Positive Aussage	Punkte Zutreffendes bitte einkreisen!	Negative Aussage
Kommunikation	Beteiligt sich aktiv und respektvoll an Gruppengesprächen (Hört zu).	2 – 1 – 0 – (–1) – (–2)	Lässt andere nicht ausreden oder unterbricht ständig.
Integration	Ordnet sich in die Gruppe ein, integriert sich, ist engagiert und aktiv bei Gruppenaktionen dabei	2 – 1 – 0 – (–1) – (–2)	Ordnet sich nicht in die Gruppe ein, distanziert sich, verhält sich gleichgültig und passiv bei Gruppenaktionen.
Führung	Nimmt Führungs- und Leitungsfunktionen wahr – ergreift die Initiative.	2 – 1 – 0 – (–1) – (–2)	Wartet darauf, dass andere die Initiative ergreifen und führen.
Fairness	Verhält sich fair und zuvorkommend seinen Gruppenmitgliedern gegenüber.	2 – 1 – 0 – (–1) – (–2)	Verhält sich egoistisch und unfair seinen Gruppenmitgliedern gegenüber.
Hilfsbereitschaft	Ist hilfsbereit!	2 – 1 – 0 – (–1) – (–2)	Nicht hilfsbereit, egoistisch!
Toleranz/ Motivation	Akzeptiert Fehler in der Gruppe und motiviert zum Weitermachen.	2 – 1 – 0 – (–1) – (–2)	Regt sich über Fehler extrem auf. Greift ggf. andere an oder demotiviert.

7

Tabelle 2:   *Beobachtungsbogen für Ausbilder – Fortsetzung*

Übergeord- netes Kriteri- um	Positive Aussage	Punkte Zutreffendes bitte einkreisen!	Negative Aussage
Fitness	Erreicht die sportlichen Ziele und hält körperlich mit der Gruppe mit.	$2 - 1 - 0 - (-1) - (-2)$	Erreicht nicht die Ziele. Übung muss sogar ab- gebrochen werden oder Gruppe scheitert durch ihn.
Kognition	Erreicht die kognitiven Ziele und hält mit der Gruppe mit (Denksportaufgaben).	$2 - 1 - 0 - (-1) - (-2)$	Erreicht nicht die ko- gnitiven Ziele und hält nicht mit der Gruppe mit (Denksport).
Ambition	Zeigt Ehrgeiz und Willens- kraft.	$2 - 1 - 0 - (-1) - (-2)$	Gibt schnell auf und versucht nicht, groß- artig seine persönli- chen Grenzen zu errei- chen/übersteigen.

Summe der Punkte:
(ggf. mit Vorzeichen)

Raum für eigene Bemerkungen/Sonstiges:

Bild 18:   *Ausbilder beim Ausfüllen der Beobachtungshilfen*

7.5   Empirische Überprüfung und Evaluierung

Eine Ausbildungsmaßnahme kann sich nur dann langfristig etablieren, wenn sie sich ständig transparent und ergebnisoffen einer Evaluierung unterzieht und durch explorative Studien kontrolliert wird. Nur so lässt sich auch ein Erfolg der Teamentwicklungsmaßnahmen feststellen.

Beobachtungen der Ausbilder, die beispielsweise durch Evaluationsbögen (vgl. Kapitel 7.4) erfasst werden können allein, sind nicht ausreichend für eine Evaluierung der Maßnahme.

Auch die Befragung der Teilnehmer hinsichtlich der Maßnahme ist von großer Wichtigkeit (Kanning, 2002a). Sie gibt Aufschluss darüber, wie die Maßnahme oder die Veranstaltung bei den Teilnehmern ankommt. Gibt es ggf. Ansätze für Negativprozesse, in denen evtl. eine Übung überhaupt nicht das bewirkt, was sie bewirken soll?

Effektiv und nachhaltig ist die Maßnahme nur dann, wenn der Teilnehmer die gemachten Erfahrungen akzeptiert und für sich als wichtige Erkenntnis in Erinnerung behält.

Eine wertvolle Information ist ebenfalls der Veränderungsprozess durch die Ausbildungsmaßnahme. Dieser kann durch die Erstellung eines Vorher-Nachher-Selbstbildes erfasst werden. Hierfür werden zwei Fragebögen konstruiert, die die Teilnehmer einmal unmittelbar vor der Ausbildungsmaßnahme erhalten und dann direkt danach.

Ein Beispiel für einen Fragebogen, der vor der Ausbildungsmaßnahme von den Teilnehmern ausgefüllt werden könnte, wird im Folgenden dargestellt – hier am Beispiel eines Feuerwehrmanns (SB). Diese Ausrichtung ließe sich aber auch durch jede andere Tätigkeit, z. B. Notfallsanitäter, Ersthelfer, Mitglied des Technischen Hilfswerks usw. ersetzen.

Fragebogen für Teilnehmer vor der Ausbildungsmaßnahme

Allgemeine und spezifische Fragen, die *vor* dem Camp auszufüllen sind.
Was erwarten Sie von der Ausbildung zum Feuerwehrmann/Feuerwehrfrau? Bitte nur stichwortartig erläutern!
. . .

Was bedeutet für Sie der Begriff »Team«? Bitte nur stichwortartig erläutern!
. . .

Wie schätzen Sie Ihre persönliche sportliche und körperliche Leistungsfähigkeit ein?
Bitte die Schulnoten ankreuzen:
 □ sehr gut   □ gut   □ befriedigend   □ ausreichend   □ mangelhaft   □ ungenügend

Wie gut kennen Sie Ihre körperlichen Leistungsgrenzen?
Bitte die Schulnoten ankreuzen:
 □ sehr gut   □ gut   □ befriedigend   □ ausreichend   □ mangelhaft   □ ungenügend

Wie gut kennen Sie Ihre psychischen Grenzen?
Bitte die Schulnoten ankreuzen:
 □ sehr gut   □ gut   □ befriedigend   □ ausreichend   □ mangelhaft   □ ungenügend

Wie schätzen Sie Ihre persönliche Leidensfähigkeit ein?
Bitte die Schulnoten ankreuzen:
☐ sehr gut   ☐ gut   ☐ befriedigend   ☐ ausreichend   ☐ mangelhaft   ☐ ungenügend

Wie sind Sie Ihrer Meinung nach in der Gruppe integriert?
Bitte die Schulnoten ankreuzen:
☐ sehr gut   ☐ gut   ☐ befriedigend   ☐ ausreichend   ☐ mangelhaft   ☐ ungenügend

Wie gut kennen Sie Ihre Lehrgangsteilnehmer?
Bitte die Schulnoten ankreuzen:
☐ sehr gut   ☐ gut   ☐ befriedigend   ☐ ausreichend   ☐ mangelhaft   ☐ ungenügend

Ein Beispiel für einen Fragebogen, der nach der Ausbildungsmaßnahme von den Teilnehmern ausgefüllt werden könnte wird im Folgenden dargestellt – auch hier am Beispiel eines Feuerwehrmanns (SB).

Fragebogen für Teilnehmer nach der Ausbildungsmaßnahme

Allgemeine und spezifische Fragen, die **nach** dem Camp auszufüllen sind.
Was haben Sie über sich gelernt?
. . .

Was haben Sie über die Gruppe gelernt?
. . .

Was haben Sie gedacht und empfunden?
. . .

Ist diese Ausbildungsmaßnahme Ihrer Meinung nach wichtig?
. . .

7

Hat diese Ausbildungsmaßnahme bei Ihnen einen hohen Stellenwert?
. . .

Kennen Sie die Kurzform von Vornamen Ihrer Teilnehmer?
. . .

Sind Sie stolz auf Ihre erreichten Leistungen während der Ausbildungsmaßnahme?
. . .

Ist Ihrer Meinung der Gruppenzusammenhalt durch die Ausbildungsmaßnahme verbessert worden?
. . .

Haben Sie neue Erfahrungen durch diese Ausbildungsmaßnahme sammeln können?
. . .

Denken Sie, dass Sie die gemachten Erfahrungen auch unter konventionellen Lernbedingungen gemacht hätten?
. . .

7.6   Reflexion und Transfer von Erlebnissen und Erfahrungen

Die Reflexion ist eine Methode der Selbsterziehung. Sie fordert die Teilnehmer auf, sich selbst einzuschätzen, die eigenen Stärken und Schwächen selbst zu beurteilen, um so auch die Motivation des Handelns zu hinterfragen. Die Reflexion dient auch dazu, negative Erfahrungen für den Teilnehmer kognitiv fassbar und bearbeitbar zu machen.

Sie wird in der Regel in Gruppenbesprechungen durchgeführt, in der die Teilnehmer noch einmal das Erlebte besprechen und Erfahrungen austauschen (Eisel, 1999).

Bild 19: *Teilnehmer einer Reflexionsrunde*

Ebenso wichtig ist aber auch die Reflexion in der Übungssituation, z. B. wenn eine Gruppe in ihrer Aufgabe nicht weiterkommt, weil sie sich falsch verhält oder nicht als Gruppe arbeitet. So kann dann schnell das Verhalten der Gruppe reflektiert werden, z. B. indem gefragt wird: »Warum kommen Sie gerade nicht weiter? Warum sind Sie so langsam? ....weil niemand dem Kollegen die schwere Last abnimmt, obwohl er offensichtlich körperlich erschöpft ist.« Gleichwohl muss auch das schwache Gruppenmitglied darauf hingewiesen werden, seine Schwäche zu erkennen und der Gruppe zu melden, damit sie agieren kann.

Just-in-Time-Reflexion verhindert Eskalation.

7.7   Distanzaufbau zu Ausbildern

Grundsätzlich ist Nähe und Distanz zwischen Ausbildern und Auszubildenden ein Grundsatzthema in der pädagogischen Wissenschaft. Deutlich erkennbar ist ein Entwicklungsprozess von distanzierten zu integrativen Beziehungsverhältnissen zwischen Ausbilder und Auszubildenden feststellbar.

Da insbesondere bei Einsatzkräften Situationen entstehen können, die z. B. in Einsätzen einen autoritären Führungsstil erfordern, ist es sinnvoll, die Auszubildenden möglichst früh mit diesem Führungsstil vertraut zu machen. Der Führungsstil steht in enger Verknüpfung mit dem Verhältnis zwischen Ausbilder und Auszubildenden oder Lehrer und Schüler. Während ein demokratischer Führungsstil zu einem freundschaftlichen Verhältnis zwischen Ausbilder und Auszubildenden führt und somit das integrative Beziehungsverhältnis beschreibt, so führt ein autoritärer Führungsstil zwangsläufig zu einem distanzierten Verhältnis zwischen Ausbilder und Auszubildenden (Schweer, 2008).

Ein Distanzaufbau und die Verdeutlichung des autoritären Führungsstils lassen sich durch Berücksichtigung folgender Kriterien erreichen:

- Darstellung eines klaren Distanzverhältnisses zwischen Ausbilder und Auszubildendem. Dies erfordert auch eine Erläuterung im Rahmen einer Ansprache.
- Definition der persönlichen Anrede. Auszubildende haben Ausbilder grundsätzlich mit »Sie« anzusprechen. Ein »Du« wird in der Ausbildungsphase als distanzlos betrachtet.
- Vorbereitung und Durchführung einer Motivationsrede, in der klare Verhaltensformen angesprochen und von den Auszubildenden erwartet werden.
- Erklären, warum Distanz und Autorität für die Ausbildung zur Einsatzkraft wichtig sind.

Auf die Thematik Ansprache und Rede wurde auch in Kapitel 7.1 näher eingegangen.

7.8   Distanzabbau zu Ausbildern

Während in den Kapiteln 7.7 und 7.2 beschrieben wurde, warum die Distanz und das distanzierte Verhalten im Rahmen der Ausbildung förderlich ist, so ist es von gleicher Bedeutung, diese Distanz zum richtigen Zeitpunkt wieder abzulegen. Spätestens nach der Ausbildung zur Einsatzkraft wechseln die Teilnehmer ihren Status. Aus dem Anwärter wird die vollwertige Einsatzkraft. Damit diese in das Gesamtteam der Einsatzkräfte integriert werden kann, ist es von zentraler Bedeutung, die zuvor aufgebaute Distanz nun wieder in Teilbereichen abzubauen und als Endergebnis den nötigen Respekt voreinander beizubehalten.

Je nach Stellung der Ausbilder im Gesamtsystem der Einsatzkräfte kann dies in unterschiedlicher Ausprägung stattfinden. Dies kann das Anbieten der persönlichen Anrede »Du« sein, gefolgt von respektvollen Gesten. Es kann aber auch einfach der Dank der Ausbilder an die Auszubildenden dafür sein, dass sie gut mitgearbeitet haben und es eine Freude war sie auszubilden.

In jedem Fall sollte allerdings von den Leitern der Ausbildungsmaßnahme eine abschließende Rede gehalten werden, die die gesamte Ausbildung mit ihren Inhalten und groben Erklärungen zu den einzelnen Ausbildungsmaßnahmen beinhaltet. Ziel dieser Abschlussrede ist es, erneut zu verdeutlichen, dass die Ausbildungsmaßnahmen der Teamentwicklung dienten und dafür gemacht wurden, um die Teilnehmer zu fördern. Hier ist es ratsam auch die Maßnahmen zum Distanzaufbau zu erläutern und zu erklären. Der Teilnehmer soll nachvollziehen können, dass sich ein höheres Ziel als reine Willkür hinter diesen Handlungen verbirgt. Es sollen somit auch letzte Zweifel über Sinn und Unsinn solcher Maßnahmen, die sich für einzelne Teilnehmer situativ ergeben haben könnten, beseitigt werden. In dieser Abschlussrede sollte verdeutlicht werden, dass die Teilnehmer erfolgreich die Teamentwicklung absolviert haben und nun Bestandteil des Gesamtteams der Einsatzkräfte sind, z. B. mit Redewendungen wie »Sie haben hervorragende Teamentwicklung gezeigt und sich als absolut teamfähig erwiesen. Somit gehören Sie nun zu uns und sind ein Teil des Gesamtteams der Einsatzkräfte.«

7.9 Kosten

Eine valide Kostenschätzung für solche pädagogischen Maßnahmen bedarf immer einer Einzelfallbetrachtung. Sie ist von vielen Faktoren abhängig: Personenanzahl, Örtlichkeit und ggf. Mietkosten für Ausrüstung und Infrastrukturen. Unabhängig davon, welche Voraussetzungen bereits erfüllt sind, sind die entstehenden Kosten eine gute Investition in die Personalentwicklung und die Teamentwicklung. Als Pauschalwert können für einen Tag erlebnispädagogische Ausbildung ca. 600 € als Basisgröße angesetzt werden. Die Basisgröße umfasst Kosten für 30 Personen und Leistungspositionen wie z. B. Verpflegung, Hygieneartikel, Mietkosten für Toiletten usw. Personalkosten sind bei diesem Ansatz nicht berücksichtigt, ebenso wie Mietkosten für ein Gelände.

7.10   Distanzierung von Bootcamp-Einrichtungen

Die vorgestellten Ausbildungsmaßnahmen und Entwicklungsansätze sind von ihrer Häufigkeit und von ihrer Art her heute in der alltäglichen Ausbildung von Einsatzkräften nicht vorzufinden. Ihre außergewöhnlichen, strengen und druckvollen Wege der Vermittlung von Lerninhalten laufen für sich alleinstehend betrachtet schnell Gefahr, negativ verurteilt zu werden. Deshalb ist eine Distanzierung von Maßnahmen wie dem »amerikanischen Bootcamp« außerordentlich wichtig! Die aufgezeigten Maßnahmen und Ansätze sind mit den Kerngedanken des Bootcamps nicht (!) vergleichbar. Es geht nicht darum, die Teilnehmer psychisch zu brechen und willenlos zu machen. Im Gegenteil, ihr Teamwille soll gestärkt werden.

7.11   Das Ausbildungsskript für das »Off-the-job-Event«

Erlebnispädagogische Maßnahmen bedürfen von ihrer Organisation her einer guten Vorbereitung, nicht zuletzt, weil dies die Basis für Sicherheit bildet. Auch ein genormtes Verhalten der Ausbilder kann auf Grundlage von Verhaltensregeln und Leitsätzen sichergestellt werden. Da eine gute und durchdachte erlebnispädagogische Maßnahme mit zielführenden Übungen kein triviales Unterfangen darstellt, ist ihre Organisation zu dokumentieren. Hier ist die Erstellung eines Ablaufplans mit allen relevanten Informationen in Form eines Ausbilderskripts enorm wichtig.

Im Folgenden wird ein möglicher Aufbau für ein Ausbilderskript dargestellt, der in dieser Art und Weise bereits seit mehreren Jahren angewandt und ständig weiterentwickelt wurde. Das folgende Ausbildungsskript soll an dieser Stelle als Leitfaden und Inspiration dienen, in dem die wichtigsten Punkte erfasst sind, um einen möglichst sicheren Ablauf von Teamentwicklungsprozessen in der Praxis zu gewährleisten.

Das Layout
Das Skript sollte handlich und kompakt sein. Idealerweise ist ein Ausgabeformat in DIN A6 ein geeignetes Format, um es bei Bedarf in einer Beintasche oder einer Schutzjackentasche aufzubewahren. Bei der Auswahl einer kleinen Formatierung ist

jedoch zu berücksichtigen, dass das Skript auch bei schlechten Lichtverhältnissen und ggf. auch von Leuten mit Lesehilfen zu lesen sein sollte. Dieser Umstand sollte bei der Wahl der Schriftgröße und vor dem Hintergrund möglicher Darstellung von Kartenausschnitten berücksichtigt werden. Schriftgrößen kleiner als 10 Punkte sind eher ungeeignet.

Es ist zu beachten, dass in diesem Skript ggf. schützenswerte Daten zum Ablauf der Veranstaltung aber auch personenbezogenen Daten aufgenommen sein können. Somit sind entsprechende Hinweise auf dem Skript, wie z. B. »Nur für den Dienstgebrauch« ggf. erforderlich. Das Beschriften mit dem Namen des Besitzers erleichtert ein zuordnen insbesondere, wenn ein Skript verloren geht.

Das Inhaltsverzeichnis

Ein Inhaltsverzeichnis sollte zum schnellen Auffinden der einzelnen Kapitel in einem Skript nicht fehlen, ggf. kann eine farbliche Unterteilung der Kapitel sinnvoll sein.

Die Gruppenteilnehmer

In der Regel sind die Teilnehmer den Ausbildern nicht bekannt. Die meisten treffen in solchen Übungen das erste Mal aufeinander. Aus diesem Grund ist es empfehlenswert, eine Übersicht aller Teilnehmer mit Informationen über die Personen zu erstellen und in das Skript aufzunehmen.

Hier sollten mindestens folgende Daten enthalten sein:
- Vor- und Zuname,
- Geburtsdatum,
- erlernter Beruf,
- besondere Eigenschaften und
- ein Portraitbild.

Die Kommunikation im Ausbilderteam

Das Ausbilderteam steht in einem ständigen Informationsaustauch. Insbesondere für Absprachen und Klärung von organisatorischen Fragen der Ausbilder untereinander ist es wichtig, die Erreichbarkeiten der jeweiligen Ausbilder, z. B. Mobilfunknummern, im Skript zu erfassen und stets auf Aktualität hin zu prüfen. Ein Kommunikationsplan der ggf. auch eine mögliche analoge oder digitale Funkinfrastruktur beinhaltet kann an dieser Stelle ebenfalls sehr vorteilhaft sein.

Sonstige Erreichbarkeiten

Nicht nur die Kommunikation untereinander ist wichtig. Als Vorbereitung für mögliche Stress- und Notsituationen ist es unerlässlich, die Erreichbarkeiten der wichtigsten Stellen für alle Ausbilder im Skript zu erfassen.

Hierzu können gehören:

- die örtliche Feuerwehr,
- Krankenhäuser,
- Polizeistationen,
- Ansprechpartner von Versorgungseinrichtungen,
- Ansprechpartner des Übungsgeländes und
- Ansprechpartner von Verpflegungseinrichtungen.

Verhaltenshinweise für Ausbilder

Die oben bereits beschriebenen Verhaltenshinweise respektive der Verhaltenskodex ist einer der wichtigsten Bestandteile in einem Ausbilderskript und sollte auch regelmäßig während der Ausbildungsmaßnahmen durchgelesen werden. Er darf somit in einem Ausbildungsskript nicht fehlen.

Die gemeinsame Fahrt zum Übungsort

Es ist nicht von Relevanz welche Organisation (Feuerwehr, Hilfsorganisation, Technisches Hilfswerk) diese Art von Teambildungsmethoden durchführt. Das Fahren und Reisen in großen Gruppen erfordert in der Regel das Mitführen mehrerer Fahrzeuge. Hier empfiehlt sich je nach Anzahl und Größe die Fortbewegung als Marschverband durchzuführen. Sollte dies erwogen werden, ist die Erstellung eines Marschbefehls empfehlenswert.

Die Mindestinhalte eines kurzen Marschbefehls sollten sein:

- Ablaufpunkt,
- Marschziel,
- Marschfolge mit genauer Fahrzeugbezeichnung und verantwortlichen Fahrzeugführern,
- der Marschweg,
- die Kennzeichnung der Fahrzeuge,
- die Marschgeschwindigkeit,
- der Fahrzeugabstand,
- die Funk- oder Telefonkommunikation der Fahrzeuge untereinander
- und ein paar allgemeine Hinweise, wie z. B. Fahrbahn möglichst freihalten, zum Fahrbahnrand absitzen und noch einige andere nach eigenem Ermessen.

Der Ablaufplan

Damit ein Ausbildungsevent von mehreren Tagen strukturiert ablaufen kann, ist die Erstellung eines zeitlichen Ablaufplans unerlässlich. Dieser Ablaufplan ist natürlich ebenfalls Bestandteil des Skriptes.

Ein Übersichtsplan kann wie folgt aufgebaut sein:

Dienstag:

7:00 Uhr	Dienstbeginn. Vorbereitung von Mannschaft und Gerät bzw. der Fahrzeuge.
7:30 Uhr	Abfahrt zum Zielort Musterstadt; Fahrzeuge: Fahrzeug 1, Fahrzeug 2, Fahrzeug 3
8:30 Uhr	Ankunft am Zielort in Musterstadt, Aufbau der Zelte
10:00 Uhr	zügiger Marsch zur ersten Station
11:00 Uhr	Ankunft und Übungsablauf nach Übungsplan
14:00 Uhr	Mittagsverpflegung an Station X
18:30 Uhr	Übungsende/Rückmarsch zur Unterkunft
19:30 Uhr	Ankunft an der Unterkunft
20:00 Uhr	Abendessen
21:00 Uhr	Vorstellungsrunde/Reflexion
22:30 Uhr	Bettruhe

Mittwoch:

1:00 Uhr	alarmmäßiges Wecken! Durchführung der Nachtübung im Wald.
3:30 Uhr	Ende der Nachtübung/Nachtruhe.
6:30 Uhr	planmäßiges Wecken! Kurzfrühstück.
7:00 Uhr	Fahrt zum Hallenbad
7:30 Uhr	Ausdauerlauf
8:30 Uhr	Schwimmübungen im Hallenbad
10:00 Uhr	Rückfahrt zur Unterkunft
10:30 Uhr	Ankunft in der Unterkunft/Frühstück
11:00 Uhr	zügiger Marsch zur Station 1
12:00 Uhr	Ankunft und Übungsablauf nach Übungsplan
14:00 Uhr	Mittagsverpflegung an Station 1
18:00 Uhr	Übungsende/Rückmarsch zur Unterkunft
19:00 Uhr	Ankunft an der Unterkunft – weitere Übungen an der Unterkunft
19:30 Uhr	Abendessen!
20:30 Uhr	Reflexion des zweiten Tages!

21:00 Uhr   Freie Zeit zur besonderen Verfügung (Ausklang)
22:00 Uhr   Bettruhe

Donnerstag:
6:30 Uhr   Wecken! Vorbereitung Frühstück
7:30 Uhr   Frühstück
8:30 Uhr   Abbau der Unterkunft, Herstellung der Marschbereitschaft
10:30 Uhr   Abfahrt zum Heimatort
11:30 Uhr   Ankunft am Heimatort, Herstellen der Einsatzbereitschaft von Gerät und Fahrzeugen, Nachbereitung
12:30 Uhr   voraussichtliches Dienstende

Der Verpflegungsplan
Damit sowohl Teilnehmer als auch Ausbilder gute Leistungen erbringen können, ist die Verpflegung und Versorgung gut vorzuplanen. Insbesondere bei Abweichungen vom Übungsdetailplan und allen kreativen Zugeständnissen den Ausbildern gegenüber, auch gelegentlich individuell auf zeitliche Ausuferungen von Übungen zu reagieren, gilt es zwingend die Verpflegungszeiten einzuhalten.

Nichts ist schlimmer als ein kaltes und qualitativ schlechtes Essen!

Tag 1
Frühstück: 9:00 Uhr   *25 Personen*
                in eigener Regie und Zubereitung durch Ausbilder
Mittagessen: 13:00 Uhr   *27 Personen*
                z. B. Geschnetzeltes mit Nudeln und Salat
Abendessen: 19:00 Uhr   *30 Personen*
                Grillen mit Grillfleisch Metzgerei Musterstadt

Tag 2
Frühstück 1:   7:00 Uhr   *20 Personen*
                Sportler-Frühstück: Müsli-Riegel, Bananen (Zunahme während der Fahrt zum Sportort)

Frühstück 2:	10:15 Uhr	27 Personen
	Normales Frühstück nach dem Sport: Brötchen und Aufschnitt Metzgerei Musterstadt	
Mittagessen:	14:00 Uhr	27 Personen
	Eintopf	
Abendessen:	19:00 Uhr	30 Personen
	Grillen mit Grillfleisch Metzgerei Musterstadt	

Tag 3

Frühstück:	7:30 Uhr	27 Personen
	Brötchen und Aufschnitt Metzgerei Musterstadt	

Lageplan und Übersichtskarten

Als grundsätzliche Orientierungshilfe insbesondere in Gegenden, in denen die Ausbilder nicht über ausgeprägte Ortskenntnisse verfügen, dient die Aufnahme von Lageplänen und Übersichtskarten in das Skript als gute Orientierungshilfe. Mit

Bild 20:   *Essensausgabe in urbanem Gelände*

ihnen lassen sich auch Marschzeiten abschätzen. Besonders gut eigenen sich sogenannte »topografische Übersichtskarten«.

Aber auch Luftbilder, in denen mögliche Übungsstationen bereits eingezeichnet sind, eignen sich für diesen Zweck.

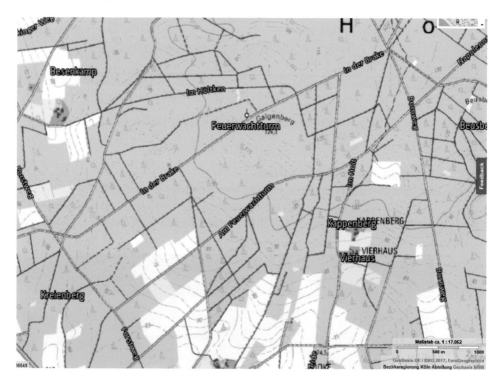

Bild 21: *Beispiel einer Übersichtskarte. Quelle: Land NRW 2018. Datenlizenz Deutschland – Namensnennung – Version 2.0 (www.govdata.de/dl-de/by-2-0).*

Bild 22: *Beispiel eines Luftbildes mit eingetragener Marschroute und Stationsstandorten in einem Ausbilderskript*

Personalplanung der Ausbilder

Die Personalplanung ist ein wesentlicher Aspekt zur erfolgreichen Durchführung von solchen Ausbildungsveranstaltungen. Sowohl Ausbilder als auch Teilnehmer werden hierbei berücksichtigt. Sie dient der Strukturierung der Arbeitstage und der Sicherstellung, dass immer ausreichend qualifiziertes Personal an den Übungsstationen vorgeplant ist. Darüber hinaus stellt die Planung grundsätzlich sicher, dass keine funktionale Aufgabe durch personelle Eigendynamik gar nicht durchgeführt wird.

109

Der detaillierte Ablaufplan mit allen Informationen

Der organisatorische Kernpunkt des Ausbilderskriptes ist der Detailplan. Er vereint alle Informationen in einer Tagesübersicht. Hier wird dargestellt, welche Übungsgruppe wann an welcher Station ist und welche Übung sie dort durchführen soll. Zusätzlich enthält dieser Plan alle Angaben über die Dauer der Marschzeit und Informationen zu Versorgungs- und Verpflegungszeiten.

Im Folgenden wird ein mögliches Beispiel dargestellt:

Tabelle 3:   *Beispiel eines Ablaufplanes für den 1. Tag[1]*

Zeitplan – Tag 1					
Uhrzeit	**Gruppe 1**	**Gruppe 2**	**Uhrzeit**	**Gruppe 1**	**Gruppe 2**
07:00	Dienstbeginn		15:30	*Marschzeit*	Ü7 (St. 2)
07:30	Abfahrt/Fahrt zum Camp		15:45	Ü7 (St. 2)	*Marschzeit*
08:00			16:00		Ü9 (St. 3)
08:30	Ankunft/Aufbau Camp		16:15	*Marschzeit*	
09:00			16:30	Ü9 (St. 3)	*Marschzeit*
09:30			16:45		Ü13 (mobil)
10:00	Marsch zur Station 1		17:00	*Marschzeit*	
10:15			17:15	Ü13 (mobil)	*Marschzeit*
10:30			17:30		Ü6 (St. 1)
10:45			17:45	*Marschzeit*	
11:00	Ü18 (St.1)	*Marschzeit*	18:00	z. b. V. (St. 1)	z. b. V. (St. 1)
11:15		Ü12 (St. 2)	18:15		
11:30			18:30	Marsch zum Camp	
11:45		*Marschzeit*	18:45		
12:00	*Marschzeit*	Ü2 (St. 3)	19:00		
12:15	Ü12 (St. 2)	*Marschzeit*	19:15		
12:30		Ü1 (mobil)	19:30	Ü10 (im Camp)	
12:45	*Marschzeit*	*Marschzeit*	19:45		

---

1   Erläuterung: Ü = Übung, St. = Station, Z. b.V = Zur besonderen Verfügung.

Tabelle 3: *Beispiel eines Ablaufplanes für den 1. Tag – Fortsetzung*

Zeitplan – Tag 1					
Uhrzeit	**Gruppe 1**	**Gruppe 2**	**Uhrzeit**	**Gruppe 1**	**Gruppe 2**
13:00	Ü2 (St. 3)	Ü18 (St.1)	**20:00**	Abendessen im Camp	
13:15	*Marschzeit*		**20:15**		
13:30	Ü1 (mobil)		**20:30**		
13:45	*Marschzeit*		**20:45**		
14:00	Mittagessen an Station 1		**21:00**	Vorstellungsrunde	
14:15			**21:15**		
14:30			**21:30**	Reflexion	
14:45			**21:45**		
15:00	Ü6 (St. 1)	*Marschzeit*	**22:00**		
15:15		Ü7 (St. 2)	**22:30**	Bettruhe	

Tabelle 4: *Beispiel eines Ablaufplanes für den 2. Tag*

Zeitplan – Tag 2					
Uhrzeit	**Gruppe 1**	**Gruppe 2**	**Uhrzeit**	**Gruppe 1**	**Gruppe 2**
01:00	Ü19 (Nachtübung)		**16:15**	Ü16 (St.3)	Marschzeit
03:30	Bettruhe		**16:30**		Ü11 (St.1)
06:30	Wecken!		**16:45**	Marschzeit	
07:00	Abfahrt zum See		**17:00**		
07:30	9km – Langlauf		**17:15**		
08:30	Schwimmen		**17:30**		
10:00	Fahrt zum Camp		**17:45**	Ü8 (St.1)	
10:30	Frühstück		**18:00**	Marsch zum Camp	
11:15	Marsch zur Station 1		**18:15**		
11:30			**18:30**		
11:45			**18:45**		
12:00			**19:00**	Ü15 (im Camp)	
12:15	Ü6	*Marschzeit*	**19:15**		

7

Tabelle 4: *Beispiel eines Ablaufplanes für den 2. Tag – Fortsetzung*

Zeitplan – Tag 2					
Uhrzeit	Gruppe 1	Gruppe 2	Uhrzeit	Gruppe 1	Gruppe 2
12:30	(St.1)	Ü4 (St. 2)	19:30	Abendessen im Camp	
12:45	*Marschzeit*	*Marschzeit*	19:45		
13:00	Ü4 (St. 2)	Ü5 (St.3)	20:00		
13:15	*Marschzeit*	*Marschzeit*	20:15		
13:30	Ü5 (St.3)	Ü6	20:30	Reflexion	
13:45	*Marschzeit*	(St.1)	20:45		
14:00	Mittagessen an Station 1		21:00		
14:15			21:15	Freie Zeit	
14:30			21:30		
14:45			21:45		
15:00	Ü11 (St.1)	Marschzeit	22:00	Bettruhe	
15:15		Ü3 (St.2)	22:15		
15:30	Marschzeit	Marschzeit	22:30		
15:45	Ü3 (St.2)	Ü16 (St.3)	22:45		
16:00	Marschzeit		23:00		

Tabelle 5: *Beispiel eines Ablaufplanes für den 3. Tag*

Zeitplan – Tag 3		
Uhrzeit	Gruppe 1	Gruppe 2
06:30	Wecken! Vorbereitung Früh-	
06:45	stück	
07:00		
07:15		
07:30	Frühstück	
07:45		
08:00		
08:15		

Tabelle 5:   *Beispiel eines Ablaufplanes für den 3. Tag – Fortsetzung*

Zeitplan – Tag 3		
Uhrzeit	Gruppe 1	Gruppe 2
08:30	Abbau Camp	
08:45		
09:00		
09:15		
09:30		
09:45		
10:00		
10:15		
10:30	Rückfahrt zum Heimatstandort	
10:45		
11:00		
11:15		
11:30	Herstellen der Einsatzbereit-	
11:45	schaft/Nachbereitung	
12:00		
12:15		
12:30	voraussichtliches Dienstende!	
12:45		
13:00		
13:15		

Im Rahmen des Ausbilderskriptes ist eine detaillierte Beschreibung der erlebnispädagogischen Übungen erforderlich. Diese werden im weiteren Verlauf dieses Buches ausführlich vorgestellt (siehe Kapitel 8).

Notizen und Bemerkungen

Ein Ausbilderskript sollte am Ende immer Raum für Notizen und Bemerkungen aufweisen. Hier können und sollen die Ausbilder Hinweise für die Weiterentwicklung dieser Ausbildungsmaßnahmen aufschreiben.

Wettervorhersage

Bei mehrtägigen Veranstaltungen spielt das Wetter eine wesentliche Rolle. Um sich gut auf eine solche Ausbildungsmaßnahme vorzubereiten und in der Situation auf mögliche Wetterereignisse vorbereitet zu sein, ist es empfehlenswert die allgemeine Wettervorhersage sowie die 10-Tages-Prognose des amtlichen Deutschen Wetterdienstes als auch den ständigen Gefahrendienst des Deutschen Wetterdienstes zu beachten und in das Skript mit aufzunehmen. Bitte beachten Sie insbesondere auch die Wettergefahren und Unwetterhinweise! Erlebnispädagogik bei Wettergefahren oder Unwetterereignissen kann je nach Örtlichkeit für alle Beteiligten lebensgefährlich sein!

Beobachtungshilfen für Ausbilder

In einem Ausbilderskript sollten Beobachtungshilfen natürlich nicht fehlen. Diese bilden als Anlage des Skriptes den Abschluss eines gut strukturierten Ausbilderskriptes. Sie werden hier im Kapitel 7.4 vorgestellt.

8 Exemplarische Beschreibung von Übungen (Off-the-job-Event)

Wie bereits erwähnt, gibt es in vielen Bereichen erlebnispädagogische Übungen, die ihren Schwerpunkt auf teambildende Prozessteile richten. In über 10 Jahren Praxiserfahrung in Feldstudien wurden viele dieser Übungen erprobt, verändert und auch völlig neu entwickelt. Eine gute Inspiration sind die »Kooperativen Abenteuerspiele« von Gilsdorf und Kistner (2007 und 2012).

Bei der Planung und Durchführung der Übungen ist es wichtig, dass die Mehrzahl der Übungen einen ableitbaren Bezug zur Realität hat. Dies fördert die Akzeptanz und auch die Sinnhaftigkeit der Aktivität und ist Grundvoraussetzung für den situativen Kontext der sozialen Kompetenz (vgl. auch Kapitel 2.2.1.4). Der Bezug zur Realität sollte bei der Durchführung der Übung oder im Anschluss kurz erläutert werden.

Im Folgenden werden Beispiele aufgeführt, die teilweise ihren Ursprung in den oben genannten Quellen haben und für den Aufgabenbereich der Einsatzkräfte optimiert wurden. Teilweise werden Übungen vorgestellt, die speziell für diese Ausbildungsmaßnahme entwickelt wurden.

8.1 Die Marschübung

Übungsgegenstände:
Dummy, DIN-Trage, persönliche Schutzausrüstung der Teilnehmer, Übungsatemschutzgerät.[2]

Zeitansatz:
1 Stunde

Durchführung:
Die Teilnehmer statten sich mit voller Schutzkleidung aus.

---

2 Das Übungsatemschutzgerät ist ein druckloses nicht betriebsbereites Atemschutzgerät der »alten« Generation. Es verfügt über eine Stahlflasche, wiegt ca. 15 kg und dient in den Übungen nur als Gewöhnungsgewicht und Handlingsgegenstand.

Hinweis für regnerische Tage: Es gibt sogenannte Einweg-Regenponchos. Diese sollten vorher gekauft werden und können an die Teilnehmer verteilt werden mit dem Hinweis, diese selbständig bei Nässe zu benutzen. Die Teilnehmer sind für ihre Einsatzkleidung verantwortlich.

Die Teilnehmer setzen das Übungsatemschutzgerät auf.

Die Teilnehmer tragen je Gruppe einen Dummy mit der DIN-Trage mit sich. Die Träger dürfen und sollen sich beim Tragen des Dummys untereinander absprechen.

Es wird grundsätzlich in Zweier-Reihe marschiert! Ausnahmen bestimmt der Übungsleiter!

Innerhalb der Gruppe bekommt jeder Teilnehmer einen Namen eines anderen Gruppenteilnehmers zugewiesen. Diese Person soll er dann in einer später noch folgenden Vorstellungsrunde vorstellen.

Sollte es hier zu körperlichen Grenzwerterfahrungen oder wetterbedingten Einflüssen kommen, so ist dringend Marscherleichterung zu empfehlen (z. B. Übungsatemschutzgerät ablegen oder Jacke während des Marsches auszuziehen usw.).

Bild 23: *Beispielbild aus der Praxis – Marschübung*

8.2   Der Quadratliegestütz

Übungsgegenstände:
Persönliche Schutzausrüstung der Teilnehmer

Zeitansatz:
15 Minuten

Durchführung:
Die Teilnehmer formieren sich zu einem quadratischen Liegestütz.
Der Vordermann legt die Beine auf die Schultern des Hintermannes.
Wichtig ist die Absprache der Teilnehmer untereinander, um gleichzeitig in den Stütz zu gehen.
Diese Gruppenübung ist auch mit mehr als vier Teilnehmern durchführbar, dann erhöht sich allerdings der Schwierigkeitsgrad und es bedarf der Unterstützung der Ausbilder.

Bild 24:   *Beispielbild aus der Praxis – Quadratliegestütz*

Bild 25:   *Beispielbild aus der Praxis – Vielfachliegestütz*

Bild 26:   *Beispielbild aus der Praxis – Vielfachliegestütz 2 (Diese Form erfordert Koor-dinierungsbedarf der Ausbilder!)*

8.3   Das Förderband

Übungsgegenstände:

Persönliche Schutzausrüstung der Teilnehmer

Zeitansatz:

15 Minuten

Durchführung:

Die Teilnehmer legen sich Kopf an Kopf nebeneinander auf den Boden.

Die auf dem Boden liegenden Teilnehmer strecken die Arme senkrecht gen Himmel.

Ein Teilnehmer lässt sich langsam auf die Arme nieder und wird dann von den am Boden liegenden Teilnehmern förderbandartig weitergereicht.

Am Ende wird der transportierte Teilnehmer ebenfalls Teil des Förderbandes und legt sich daneben.

Der Teilnehmer am anderen Ende des Förderbandes steht im Anschluss auf und wird dann selbst transportiert.

Es ist mindestens ein Durchlauf durchzuführen, sodass jeder Teilnehmer einmal selbst transportiert wurde.

Bild 27:   *Beispielbild aus der Praxis – Förderbandübung*

8

8.4   Die Holzbrücke

Übungsgegenstände:
Persönliche Schutzausrüstung der Teilnehmer, mehrere Holzbalken oder dicke Äste mit max. 1 m Länge

Zeitansatz:
20 Minuten

Durchführung:
Die Teilnehmer sollen mit Ästen oder Balken, die eine Person tragen können, eine Brücke bauen. Immer zwei Personen halten einen Ast/Balken.
Ein ausgewählter Teilnehmer schreitet dann von Ast zu Ast und benutzt diese als Brücke.
Die Träger, deren Äste bereits begangen wurden, können sich dann wieder an das Ende der Brücke begeben, um so eine Distanz von 5–10 m zu überbrücken.
Nach Erreichen der Distanz wechselt der Brückenbegeher durch.

Bild 28:   *Beispielbild aus der Praxis – Holzbrückenübung*

8.5   Das Pendel

Übungsgegenstände:
Persönliche Schutzausrüstung der Teilnehmer, Sicherheitsleine oder ein statisches Seil, Holzbalken mit mindestens 9 cm mal 9 cm Kantenlänge oder ein vergleichbarer Stamm/Ast

Zeitansatz:
20 Minuten

Durchführung:
Die Teilnehmer hängen den Balken mittig an einem Baum oder starken Ast auf. Der Balken muss so austariert sein, dass er im Gleichgewicht pendelt.
Dann bekommen die Teilnehmer die Aufgabe, sich als Gruppe an den Balken zu hängen und sich so zu verteilen, dass er möglichst lange im Gleichgewicht bleibt.

Bild 29:   *Beispielbild aus der Praxis – Pendelübung*

Der Ausbilder stoppt die Zeit, in der es die Gruppe schafft ohne den Boden zu berühren am Pendel zu hängen.

 Bei dieser Übung ist unbedingt darauf zu achten, dass die Aufhängepunkte, das Seil und auch der Balken den Belastungsanforderungen standhalten.

8.6   Die Wippe

Übungsgegenstände:
Persönliche Schutzausrüstung der Teilnehmer, ein langer Balken oder ein bis zwei dicke Baubohlen, ein Holzstamm mit ca. 25 cm Durchmesser

Zeitansatz:
20 Minuten

Bild 30:   *Beispielbild aus der Praxis – Wippenübung*

Durchführung:
Die Teilnehmer legen die Bohlen doppelt auf einen Holzstamm und tarieren sie aus, bis sie nahezu im Gleichgewicht sind. Dann bekommen die Teilnehmer die Aufgabe, sich auf die Baubohle stehend zu verteilen.

Sie sollen versuchen durch geschicktes Positionieren den Gleichgewichtszustand wiederherzustellen.

Der Ausbilder misst die Zeit, in der die Wippe keinen Kontakt mehr zum Boden hat.

In der Realität werden es nur wenige Sekunden sein, in der die Baubohlen keinen Kontakt zum Boden haben!

8.7   Die Flussüberquerung

Übungsgegenstände:
Persönliche Schutzausrüstung der Teilnehmer, Schlauchüberführung, Feuerwehrsicherheitsleine, Podest, Arbeitsleine oder Leiterteil

Zeitansatz:
60 Minuten

Durchführung:
Die Schlauchüberführung wird durch Ausbilder aufgebaut und durch das Vier-Augen-Prinzip kontrolliert.

Im oberen Bereich wird eine Feuerwehrsicherheitsleine angeknotet. Auch hier erfolgt die Kontrolle des Knotens durch Ausbilder nach dem Vier-Augen-Prinzip. Dann wird als »Ufer« ein Podest, z. B. eine Kiste oder mehrere Europaletten aufgebaut.

Auf der gegenüberliegenden Seite wird als »Ufer« nur eine Arbeitsleine oder ein Leiterteil verlegt. Der Abstand sollte ca. 3 m betragen und durch die Ausbilder im Selbstversuch kontrolliert und ggf. korrigiert werden.

Die Teilnehmer sollen sich dann zunächst mit ein paar Hilfsmitteln das Seil angeln und dann mittels Überschwung versuchen, das andere Ufer zu erreichen. Dabei ist es wichtig, darauf zu achten, dass der übergewechselte Teilnehmer das Seil nicht einfach danach loslässt, sondern wieder zu seinen Kollegen zurück wirft. So sollen alle Teilnehmer das andere Ufer erreichen.

8

Schafft es ein Teilnehmer nicht oder tritt vorher ins »Wasser« muss er wieder zurück an das andere »Ufer«.

Hinweis:

Hier ist wichtig, dass alle Stützen durch Ausbilder gesichert werden. Ferner sollen 2 Ausbilder an der gegenüberliegenden Uferstelle stehen und den Teilnehmer stützen, falls er das Gleichgewicht verliert. Die Teilnehmer müssen zwingend Handschuhe tragen, damit sie sich beim Durchrutschen des Seiles nicht verletzen.

Bild 31: *Beispielbild aus der Praxis – Flussüberquerungsübung*

Bild 32: *Beispielbild aus der Praxis – Flussüberquerungsübung mit Sicherung durch Ausbilder*

Bild 33: *Beispielbild aus der Praxis – Flussüberquerungsübung – Ausbilder unterstützen bei der Landung*

8.8   Die Schlucht

Übungsgegenstände:
Persönliche Schutzausrüstung der Teilnehmer, ein langes Seil oder ein LKW-Spanngurt, zwei Bäume, die ca. 7 m auseinander stehen

Zeitansatz:
30–40 Minuten

Durchführung:
Der Spanngurt oder das Seil wird durchhängend zwischen die beiden stabilen Bäume gespannt.
Die Teilnehmer haben die Aufgabe, eine Schlucht, die zwischen zwei Bäumen liegt, zu überqueren.
Alle Teilnehmer sollen jetzt versuchen, auf die andere Seite der Schlucht zu gelangen. Da das Seil jedoch durchhängt, gelingt ihnen dies nur, wenn die Gruppe durch Unterstützung das Seil mit Muskelkraft spannt oder hochhält und sich die Teilnehmer nacheinander über die imaginäre Schlucht hangeln.
Die Teilnehmer müssen irgendwann den Punkt herausfinden, an dem sie die Seilspannung lösen können und das Seil auf der anderen Seite der Schlucht durch die noch verbliebenen Teilnehmer spannen lassen, damit so die letzten Teilnehmer auf die andere Seite der Schlucht gelangen.

 Die Ausbilder müssen ständig die Knoten kontrollieren. Die Bodenfreiheit des hangelnden Teilnehmers sollte 30 cm nicht überschreiten, andernfalls sind ein Sicherheitsgurt oder ein Klettergurt als Absturzsicherung und Fallschutzmatten zu verwenden.

Bilder 34 a und b: *Beispielbild aus der Praxis – Schluchtübung*

8.9   Das Netz

Übungsgegenstände:
Ein aus Seilen geknotetes Netz, erleichterte persönliche Schutzausrüstung der Teilnehmer, Schlauchüberführung oder eine Möglichkeit, das Netz zwischen zwei Bäumen aufzuhängen

Zeitansatz:
60 Minuten

Durchführung:
Die Teilnehmer haben die Aufgabe, von der einen Seite des Netzes auf die andere Seite des Netzes zu gelangen. Dabei müssen sie die Maschen des Netzes durchqueren, aber ohne diese zu berühren. Findet eine Berührung statt, muss der Teilnehmer wieder zurück und es erneut versuchen. Die übrigen Teilnehmer dürfen unterstützen, aber das Netz ebenfalls nicht berühren. Erschwerend kommt hinzu, dass jede Masche nur einmal durchquert werden darf. Um das Netz zu durchqueren, kommen die Teilnehmer nicht umhin, gegenseitig Steighilfen und »Räuberleitern« zu bauen und sich gegenseitig durch die Maschen zu helfen.

 Die Ausbilder müssen ständig die Standfestigkeit der Schlauchüberführung oder des Gerüstes kontrollieren. Darüber hinaus ist es wichtig, beim Durchreichen von Teilnehmern zusätzlich Auffanghilfe zu leisten, damit sie den Teilnehmer auffangen oder stützen können, wenn er sich mal nicht mehr halten kann. Es ist wichtig, dass die Ausbilder auch ständig die Arme und Hände frei halten und diese teilweise dem Teilnehmer entgegenstrecken, um Sicherheit zu vermitteln!

Bild 35: *Beispielbild aus der Praxis – Netzübung*

Bild 36: *Beispielbild aus der Praxis – Netzübung (Teilnehmer reichen sich durch)*

Bild 37:   *Beispielbild aus der Praxis – Netzübung (Ausbilder sichern ab!)*

8.10   Die Mauer

Übungsgegenstände:
Persönliche Schutzausrüstung der Teilnehmer, ein Seil, ein langes Brett oder ein Leiterteil, zwei Bäume, die ca. 3 m auseinanderstehen

Zeitansatz:
30–40 Minuten

Durchführung:
Die Teilnehmer bekommen die Aufgabe, eine Mauer, die durch ein gespanntes Seil zwischen zwei Bäumen dargestellt wird, zu überqueren. Dabei haben sie nur ein Brett oder Leiterteil als Hilfsmittel. Die Mauer hat eine Höhe von ca. 1,3 m.
Die Teilnehmer bilden eine Rampe und der erste Teilnehmer kann bequem hochklettern und über die Mauer springen (ebenen Untergrund beachten!).
Nach und nach sollen so die Teilnehmer auf die andere Seite gelangen, dabei sollen sie sich gegenseitig beim Absprung und Aufkommen unterstützen.
Die Teilnehmer sollen den Zeitpunkt absprechen, an dem sie die Leiter auf die andere Seite herüberreichen und so versuchen, die letzten oder den letzten Teilnehmern das Überqueren zu ermöglichen.

 Die Ausbilder müssen bei den Sprungversuchen in unmittelbarer Nähe stehen, um ein Stürzen zu vermeiden.

8

131

Bilder 38 a und b: *Beispielbilder aus der Praxis – Mauerübung*

8.11   Das Labyrinthspiel

Übungsgegenstände:

Persönliche Schutzausrüstung der Teilnehmer, ein Holzlabyrinth für eine Holzkugel oder einen Ball mit den ungefähren Abmessungen 2 m mal 2 m (Eigenbau), ggf. verblendete Schutzbrillen oder Atemschutzmasken, Bandschlingen

Zeitansatz:

30–40 Minuten

Durchführung:

Die Teilnehmer bekommen ein Holzlabyrinth in Liegestützposition auf den Rücken gelegt. Ziel ist es, einen Ball oder eine Kugel von außen ins Innere des Labyrinths zu bekommen.

Dabei gibt ein Teilnehmer, der das Geschehen im Blick hat, die entsprechenden Kommandos an, wer sich nach oben oder unten bewegen soll.

Sollte die Gruppe körperlich nicht in der Lage sein, diese Übung aus dem Liegestütz umzusetzen, kann alternativ die Übung auch im Stand durchgeführt werden. Dazu wird das Holzlabyrinth in eine Seilschaft von Rundschlingen an den Ecken eingehängt. Die Teilnehmer halten den Rand des Labyrinths. Bis auf den Anweiser bekommen die Teilnehmer eine verblendete Brille oder Augenbinde aufgesetzt, damit sie nicht visuell ins Geschehen eingreifen können.

Bild 39: *Beispielbild aus der Praxis – Labyrinthübung (Holzlabyrinth Eigenbau)*

8

Bild 40:   *Beispielbild aus der Praxis – Labyrinthübung im Liegestütz*

Bild 41:   *Beispielbild aus der Praxis – Labyrinthübung im Stehen*

134

8.12 Der Flaschenzug

Übungsgegenstände:
Persönliche Schutzausrüstung der Teilnehmer, lose und feste Rollen für einen Flaschenzug, Bandschlingen

Zeitansatz:
30–40 Minuten

Durchführung:
Die Teilnehmer sollen gemeinsam einen funktionstüchtigen Flaschenzug bauen und sich schlussendlich damit selbst in eine gewisse Höhe (ungefährlicher Bereich) hochziehen. Hier kommt es nicht auf die zu überwindende Höhe an, sondern auf die Funktionsfähigkeit des Flaschenzuges. Das Wissen über den Zusammenbau stellt in der Regel schulisches Grundwissen des Physikunterrichtes dar. Sollte das bei den Teilnehmern nicht mehr präsent sein, so kann der Ausbilder nach ein paar Fehlversuchen die Gruppe zur Lösung anleiten. Er soll es aber nicht selber aufbauen!

Bild 42:   *Beispielbild aus der Praxis – Flaschenzugübung (Materialübersicht)*

Bild 43:   *Beispielbild aus der Praxis – Flaschen-*   Bild 44:   *Beispielbild aus der Praxis – Flaschen-*
zugübung (Teilnehmer beim Anlegen)   *zugübung mit zus. Personensicherung*

8.13   Die Blinde Schlange

Übungsgegenstände:
Persönliche Schutzausrüstung der Teilnehmer, Augenblenden, Sicherheitsgurt oder Bandschlingen

Zeitansatz:
30–40 Minuten

Durchführung:
Die Teilnehmer setzen sich alle bis auf einen auserwählten Führer die Augenblenden auf. Ziel der Übung ist es, dass ein Teilnehmer die anderen Teilnehmer, deren Augen verbunden sind, zu einem bestimmten Punkt führt. Dabei müssen die »blinden« Teilnehmer voll und ganz dem Führer vertrauen. Dieser soll durch geschicktes Kommentieren und sicheres Führen die Teilnehmer ans Ziel bringen. Die Teilnehmer selbst bilden durch gegenseitiges Festhalten eine Art Schlange. Das Festhalten kann direkt über Körperkontakt oder indirekt durch Sicherheitsgurte oder Bandschlingen erfolgen.

Bild 45:   *Beispielbild aus der Praxis – Blinde-Schlange-Übung*

8.14   Die Menschenrettung

Übungsgegenstände:
Persönliche Schutzausrüstung der Teilnehmer, Dummy, Trage, Übungsatemschutz, Rettungsrucksack

Zeitansatz:
30–40 Minuten

Durchführung:
Die Teilnehmer müssen truppweise eine Menschenrettung durchführen. Immer vier Teilnehmer laufen unter PA[3] mit einer Trage und einem Rettungsrucksack den Feuerwachturm hinauf oder eine abgesteckte Strecke entlang. Alternativ können auch andere Ausrüstungsgegenstände verwandt werden. Wichtig ist immer: Es muss sinnvoll und in einem möglichen Zusammenhang zum »Einsatz« stehen. Am Zielpunkt angekommen werden zwei Allgemeinwissensfragen gestellt, also Fragen, die die Teilnehmer ohne Fachwissen beantworten können.
Danach sollen sie den Patienten (Dummy) retten. Mittels Trage oder patientengerechter Rettung, d. h. man erklärt den Teilnehmern ein paar Grundregeln zur patientengerechten Rettung, so diese noch nicht bekannt sind.
Während die Teilnehmer die Rettung durchführen, soll die andere Gruppenhälfte physische Übungen in alternierender Reihenfolge durchführen. Zum Beispiel Sitzhocke und im Wechsel Liegestütze. Somit soll indirekt der Druck auf die Gruppenhälfte erhöht werden, die Rettungsübung schnell durchzuführen.
Anschließend wird durchgewechselt.

---

3   Die Redewendung »unter PA« ist eine im Feuerwehrbereich verbreitete Redeweise für »mit angelegtem Atemschutzgerät«, in diesem Fall »mit angelegtem Übungsatemschutzgerät«.

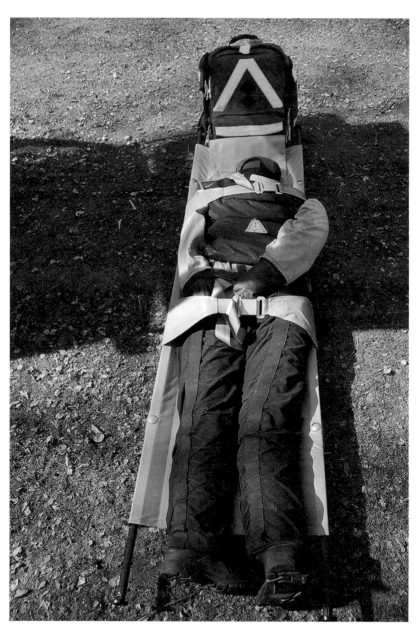

Bild 46:   *Beispielbild aus der Praxis – Menschenrettungsübung (Dummy auf DIN-Trage)*

Bild 47: *Beispielbild aus der Praxis – Menschenrettungsübung (Teilnehmer beim Herabtragen des Dummys)*

Bild 48: *Beispielbild aus der Praxis – Teilnehmer in Sitzhocke, während die anderen Teilnehmer die Rettungsübung durchführen*

8.15   Die Gleichgewichtsübung

Übungsgegenstände:
Persönliche Schutzausrüstung der Teilnehmer, ca. 5 m langer Baumstamm

Zeitansatz:
20 Minuten

Durchführung:
Die Teilnehmer müssen sich alle auf einen Baumstamm stellen. Der äußere Teilnehmer versucht nun an allen anderen Teilnehmern vorbei auf dem Stamm an das andere Ende des Baumstammes zu gelangen. Tritt er oder ein anderes Mitglied dabei

Bild 49:   *Beispielbild aus der Praxis – Gleichgewichtsübung (Stabilisierung des Balkens)*

8

auf den Boden, weil er das Gleichgewicht verliert, so folgt eine Konsequenz in Form einer physischen Übung, z. B. 5–10 Kniebeugen oder Liegestütze für alle Teilnehmer. Die Teilnehmer dürfen auch versuchen, den Stamm gegen Wegrollen zu sichern, um so mehr Stabilität bei der Übung zu erreichen.

Sollte die Stabilisierung mit Hilfsmitteln nicht ausreichen, können als letzte Maßnahme auch zwei Gruppenteilnehmer den Stamm mit Muskelkraft sichern.

Danach wird durchgewechselt.

Bild 50:   *Beispielbild aus der Praxis – Gleichgewichtsübung*

8.16   Die Gruppenkniebeuge

Übungsgegenstände:
Persönliche Schutzausrüstung der Teilnehmer

Zeitansatz:
15 Minuten

Durchführung:
Die Gruppe stellt sich nebeneinander in einer Reihe auf. Jeder legt die eigenen Arme über die des Nachbarn im Schulterbereich (ähnlich eines russischen Polka-Tanzes). Dann soll die Gruppe gemeinsam und gleichzeitig Kniebeugen (ca. 10 Stück!) machen.
Eine Absprache unter den Teilnehmern ist erforderlich.

Bild 51:   *Beispielbild aus der Praxis – Gruppenkniebeugenübung*

143

8.17   Die Anlegeübung

Übungsgegenstände:
Persönliche Schutzausrüstung der Teilnehmer, Übungsatemschutzgeräte

Zeitansatz:
5 Minuten/Person

Durchführung:
Die Teilnehmer werden spontan dazu aufgefordert, das mitgeführte Übungsatemschutzgerät abzulegen und auf Kommando und auf Zeit wieder anzulegen. Hierzu erhalten sie in den ersten Versuchen Tipps und Hinweise zum richtigen Anlegen. Diese Übung kann während der Ausbildungsveranstaltung immer wieder spontan eingeschoben werden und sollte »drillmäßig« erfolgen. Das birgt den Vorteil, dass nach einer gewissen Zeit automatisierte Handgriffe erfolgen und der Teilnehmer Übungsroutine beim Anlegen des Gerätes entwickelt, die im späteren Einsatzverlauf und Berufsleben enorme zeitliche Vorteile bringt und in Stresssituationen entlastet. Auch hier ist es wichtig, dem Teilnehmer den Bezug zur Realität zu vermitteln: »Sie durchlaufen diese Übung, weil sie im späteren Berufsleben diese Handgriffe im Schlaf beherrschen müssen!«
Man kann diese Übung auch mit anderen Ausrüstungsgegenständen, z.B. der persönlichen Schutzausrüstung, als Anlegen von Sicherheitsausrüstung oder festgelegtes Überprüfen eines Rettungsrucksacks durchführen.

Bild 52: *Beispielbild aus der Praxis – Anlegeübung*

8.18   Die Abseilübung

Übungsgegenstände:

Persönliche Schutzausrüstung der Teilnehmer, Abseilausrüstung, Feuerwehrwachturm oder ähnliches Gebäude (etwa 30 m)

Zeitansatz:

20 Minuten/Person

Durchführung:

Die Teilnehmer werden durch Ausbilder passiv aus einer Höhe von 30 m abgeseilt. Ziel dieser Übung ist es, Vertrauen in Mannschaft und Gerät zu bekommen.

Bild 53:   *Beispielbild aus der Praxis – passive Abseilübung an einem Feuerwachturm*

Bild 54:   *Beispielbild aus der Praxis – Abseilübung*

8.19   Die Nachtübung

Übungsgegenstände:

Persönliche Schutzausrüstung der Teilnehmer, Dummy, UTM-Karten, Knicklichter, vorgeschriebene Nachrichten (Aufgaben), vorgeschriebene Koordinaten (Belohnung), Hilfsmittel, Tische

Zeitansatz:

1–2 Stunden zzgl. 1 Stunde Vorbereitungszeit

> Diese Übung findet in der Nacht statt. Das Wecken und die Aktivität am Lager sollten mit möglichst geringer Geräuschentwicklung ablaufen, um mögliche Zivilisten in der Umgebung nicht zu stören. Das Mannschaftstransportfahrzeug bereits einige Stunden vorher weiter weg parken, um durch die Fahrgeräusche die Teilnehmer nicht zu wecken. Die Übungspuppe (Dummy) nicht zu nah an das Azubi-Zelt legen.

Vorbereitung:

Beide Übungspuppen (bei zwei Gruppen) an die markierten Stellen bringen. Koordinaten beachten!
Stationen vorbereiten, markieren (mit Knicklicht) und Nachricht ablegen!
Einkaufstische ca. 100 m vom Lager entfernt aufbauen!
Knicklichter vorbereiten und aktivieren! Eine Gruppe bekommt grüne, die andere blaue Knicklichter! Befestigt werden diese an der PSA[4]!

Durchführung:

»Die Übungspuppe (das fiktive Gruppenmitglied) wird vermisst!« Ziel dieser Übung ist es, dass die Teilnehmer das vermisste Gruppenmitglied wiederfinden und zum Lager zurückbringen sollen!
Die Teilnehmer erhalten Koordinaten für UTM-Karten. Die Einweisung in UTM-Karten erhalten sie bei Gelegenheit einige Stunden zuvor zwischen anderen Gruppenübungen oder im Rahmen einer körperlichen Erholungspause. Sie müssen anhand der Koordinaten zu einzelnen Stationen laufen, diese sind mit Knicklichtern und einer Nachricht markiert. Anhand der Nachricht absolvieren sie eine kleine Gruppenübung

8

---

4   PSA steht für Persönliche Schutzausrüstung.

– in Anbetracht der Erholungsphase sollten dies nur Denksportaufgaben sein, keine physischen Übungen! Nach erfolgreich abgelegter Denksportaufgabe erhalten sie ein weiteres Koordinatensegment, welches sie nach erfolgreichem Absolvieren aller Übungen dann zum Zielort führt, wo das fiktive Gruppenmitglied (Dummy) liegt. Für die Übung haben die Teilnehmer die Möglichkeit, bestimmte Hilfsmittel »einzukaufen«. Diese Hilfsmittel liegen vor Beginn der Übung auf zwei getrennten Tischen und sind wie folgt ausgezeichnet:

Hilfsmittel:	
Rücktransportfahrzeug für Paul	23 Punkte
Handscheinwerfer	10 Punkte
Leuchtstab »Monster«	8 Punkte
DIN-Trage	8 Punkte
Papier und Stift	7 Punkte
2-teilige Steckleiter	6 Punkte
Taschenrechner	5 Punkte
Planzeiger	5 Punkte
Seil	4 Punkte
Kompass	3 Punkte
UTM Karte	2 Punkte

Ablauf im Detail:

Die Teilnehmer werden geweckt!
Es folgt ein alarmmäßiges Anlegen der persönlichen Schutzausrüstung – noch keine Informationen über den Inhalt der Übung geben!
Die (Teil)gruppen marschieren zu den Einkaufstischen.
An den Einkaufstischen erfolgt dann die Einweisung in die Aufgabe – Hinweis an Teilnehmer: Die Übung läuft auf Zeit!
Die Teilnehmer bekommen ein 30-Punkte-Budget. Mit diesem können sie am Einkaufstisch einkaufen – Hinweis an Teilnehmer, sinnvolle Hilfsmittel einzukaufen.
Am Tisch erhalten Sie die »Nachricht 1« (mit Aufgabe).
Lösen die Teilnehmer die Aufgabe richtig, erhalten sie als Ergebnis die Koordinaten der nächsten Station.
Nach Ablauf aller Stationen erhalten sie die letzte Aufgabe, deren Lösung sie zur Übungspuppe führt.

Nach Auffinden der Übungspuppe erfolgen die Rettung und der Rückmarsch zum Lager!

Die Ausbilder sollen sich nicht in der Nähe der Stationen aufhalten, sondern mit den Gruppen mitlaufen!

Beispielkoordinaten der einzelnen Punkte:

Station 1	**32ULC65**15037050
Station 2	**32ULC65**6903**7**200
Station 3	**32ULC65**30036540
Dummy 1	**32ULC65**100**36**160
Dummy 2	**32ULC65**160**36**850

Erklärung:

32ULC = Zonenfeld (32U) und Kilometerquadrat (LC)

65150=Rechtswert (Ostwert), hier 150 m

37050 = Hochwert (Nordwert), hier 50 m

Bezugspunkt im Kilometerquadrat ist immer unten links.

Der Kartenmaßstab beträgt 1:25.000.

Ein Punkt in der Karte ergibt aufgrund der Messtoleranz immer eine Suchfläche.

Die Zielposition ist mit Knicklicht markiert.

Beispiele für Aufgaben an den Stationen finden Sie im Anschluss an die Übungserklärung im Kapitel 8.20.

8

Bild 55:   *Beispielbild aus der Praxis – Wegstreckenkarte der Nachtübung (Areal: ca. 1km²)*

8.20   Denksportaufgaben

Aufgabe 1:

Fünf normale Würfel sind willkürlich übereinandergestapelt. Die Augenzahl der obersten Seite des obenliegenden Würfels beträgt 2.

Wie viele Augen sind insgesamt sichtbar?

Antwort:

72 Augen.

Aufgabe 2:

Mehrere Wanderer kommen an einen Fluss, den sie überqueren wollen. Jedoch, die Brücke ist eingestürzt und der Fluss ist sehr tief. Was sollen sie tun?

Da bemerkt einer von ihnen am Ufer zwei Jungen, die sich mit einem Boot vergnügen. Das Boot ist aber so klein, dass damit nur ein Erwachsener oder zwei Jungen übergesetzt werden können. Dennoch werden alle Erwachsenen mit diesem Boot über den Fluss gebracht.

Wie ist das möglich?

Antwort:

Zuerst setzen die beiden Jungen über den Fluss. Der eine bleibt am Ufer, und der andere rudert das Boot zu den Wanderern und steigt aus. In das Boot setzt sich nun ein Erwachsener und fährt zum anderen Ufer. Daraufhin rudert der Junge, der am anderen Ufer geblieben war, das Boot zurück, nimmt den anderen Jungen auf und bringt ihn zum anderen Ufer, um erneut zurückzufahren. Nun betritt der zweite Wanderer das Boot und so weiter.

Aufgabe 3:

Sie sind krank und bekommen drei Tabletten. Diese sollen in einem Abstand von 30 Minuten eingenommen werden.

Wie lange brauchen sie, bis alle weg sind?

Antwort:

1 Stunde

8

Aufgabe 4:

Ein Holzklotz 5 cm x 8 cm x 14 cm ist rot angestrichen.

Dieser Holzklotz wird in 1 cm x 1 cm x 1 cm Würfel zerteilt. Auf wie vielen Würfeln befindet sich hinterher noch rote Farbe?

Antwort:

Die Würfel von 1 cm x 1 cm x 1 cm Größe, die keine rote Farbe haben würden, werden im Kern der Kiste sein. Dieser Kern würde 3 cm x 6 cm x 12 cm groß sein, und er wird 216 Würfel enthalten.

Von insgesamt 560 Würfeln, haben 216 keine Farbe. Die übrigen 344 Würfel haben entweder an einer, an zwei oder an drei Seiten rote Farbe.

Aufgabe 5:

P R F E O ...

Diese Reihe soll um einen Buchstaben ergänzt werden.

Um welchen?

Antwort:

Der 2. und der 4. Buchstabe haben einen Strich mehr als der jeweils vorherige Buchstabe. Dementsprechend ist die Lösung der Buchstabe **Q**.

Aufgabe 6:

In einem Hafen hatten vier Schiffe festgemacht. Am Mittag des 2. Januar 1953 verließen sie gleichzeitig den Hafen.

Es ist bekannt, dass das erste Schiff alle 4 Wochen in diesen Hafen zurückkehrte, das zweite Schiff alle 8 Wochen, das dritte alle 12 Wochen und das vierte alle 16 Wochen. Wann trafen alle Schiffe das erste Mal wieder in diesem Hafen zusammen?

Antwort:

Das kleinste gemeinsame Vielfache der Zahlen 4, 8, 12 und 16 ist 48. Folglich trafen die Schiffe nach 48 Wochen wieder zusammen, das heißt am **4. Dezember 1953**.

Aufgabe 7:

Die Badewanne ist voll Wasser. Mutti gibt mir einen 3-Liter Behälter und einen 5-Liter Behälter. Beide haben keine Maßangaben. Sie sagt: »Bringe mir 4 Liter Wasser«. Wie mache ich das?

Antwort:

Fülle den 5-Liter Behälter. Gieße ihn in den 3-Liter Behälter (2 Liter verbleiben im 5-Liter Behälter). Leere den 3-Liter Behälter und gieße den Rest aus dem 5-Liter Behälter in den 3-Liter Behälter. Fülle nun noch einmal den 5-Liter Behälter und kippe ihn in den 3-Liter Behälter, bis dieser voll ist. Nun sind genau 4 Liter im 5-Liter Behälter. Fertig!

Aufgabe 8:

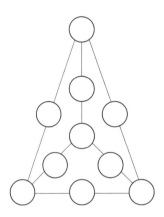

Bild 56:   *Denksportaufgabe*

In die Kreise sind Zahlen von 1 bis 10 so einzusetzen, dass die Summe der Zahlen, die an den Seiten und in den Ecken eines jeden der drei kleinen Dreiecke stehen, gleich 38 ist.

Antwort:

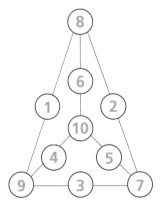

Bild 57:   *Denksportaufgabe: Lösung*

Aufgabe 9:

Die Teilnehmer werden in zwei Gruppen aufgeteilt. Eine Gruppe sieht ein einfaches Konstrukt aus Legosteinen. Die andere Gruppe soll dieses Konstrukt ohne es zu sehen nur auf mündliche Anweisungen hin nachbauen.

Bild 58:   *Teilnehmerin beim Nachbau eines Konstrukts*

9 Zusammenfassung, Schlussfolgerung und Ausblick

Sozial kompetentes Handeln und Teamentwicklung werden bei Einsatzkräften und in vielen Lebens- und Arbeitsbereichen gefordert, oftmals nur indirekt durch Mangelfeststellung. Ergo müssen sie gefördert werden.

Die fehlende wissenschaftliche Definition von sozialer Kompetenz und die vielfache Auslegung dieses Begriffs verhindert eine allgemeingültige Formel zur Förderung von sozialer Kompetenz und Teamentwicklung. Da sich der Begriff ständig verändert und weiterentwickelt, müssen die Maßnahmen immer in Zusammenhang mit fallspezifischen Detailinformationen abgestimmt werden. Diese Maßnahmen müssen auch hinsichtlich ihrer Aktualität stets hinterfragt und weiterentwickelt werden.

De facto verfügen Personen, die sozial kompetent handeln, über bestimmte Fähigkeiten, Fertigkeiten und Wissen, die deren Mitmenschen als »Können« empfinden.

Sie verfügen über die Fähigkeit, im sozialen Kontext zwischen richtig und falsch zu unterscheiden.

Diese Fähigkeit ist aber keine Eigenschaft, die »gottgegeben« und auf ewig im Menschen verankert ist. Sie kann auch wieder verloren gehen oder verlernt werden.

Soziale Kompetenz ist kein Qualifikationsmerkmal, das als selbstverständliches Produkt unseres Gesellschaftsprozesses verstanden werden kann. Es ist auch keine Ernte auf der man sich ausruhen darf. Sie muss stattdessen ständig gefördert werden, angefangen von der familiären Erziehung über die Kindergärten, die Schulen, die Berufsausbildung, das Studium bis hin zum Berufsleben oder der ehrenamtlichen Tätigkeit selbst.

Der Bedarf an Förderung sozialer Kompetenz und Teamentwicklung ist allgegenwärtig. Das Ignorieren dieses Bedarfes korreliert mit der Akzeptanz der fluktuierenden und schwindenden Personalstärke von ehrenamtlichen und hauptberuflichen Einsatzkräften.

Das allgemeine Problem ist nicht, dass soziale Defizite nicht kompensiert und gefördert werden wollen, sondern vielmehr der Umstand, dass das das Fehlen von sozialer Kompetenz von den meisten Ausbildern gar nicht erst als Defizit zwischen qualifizierter Ausbildung und beruflichem Anforderungsprofil identifiziert wird. Dies zeigt sich im Ausbildungsbereich der Einsatzkräfte sowohl auf der Arbeitsebene als auch auf der Führungsebene. Ein Akademiker hat nicht zwangsläufig mehr soziale

9

Kompetenz als ein Handwerker, denn die Förderung von sozialer Kompetenz wird in allen Bereichen vermisst, auch in Teilbereichen von Hochschulen, obgleich Akademiker später in Bereichen eingesetzt werden, die genau das fordern.

Eine Einsatzkraft muss lernen, wieder selbständig denken und handeln zu können. Die Entwicklung von immer mehr Vorschriften, Handlungsanweisungen und Verhaltensregeln wirkt in Summe wie ein komplexer Algorithmus auf das Tätigkeitsfeld der Einsatzkraft. Es ist ein logischer Schluss, dass es bei der Masse der zu beachtenden Regeln und Vorschriften, dem Einhalten von Standards und dem Erfüllen von Vorgaben des Qualitätsmanagements und Iso-Zertifizierungen zu mangelnden Zeitressourcen für die Förderung von sozialer Kompetenz und Teamentwicklung kommt.

Die Forderung nach mehr sozialer Kompetenz bei Einsatzkräften ist in der Kausalität falsch, vielmehr sollte das Ziel verfolgt werden, mehr soziale Kompetenz in die Ausbildung von Einsatzkräften zu integrieren und diese dort zu fördern. Darüber hinaus sollten die Eigenschaften, die der sozialen Kompetenz zweckdienlich sind, gefordert werden, wie z. B. Eigenständigkeit, Reflexionsvermögen, Orientierungsvermögen, Urteilsfähigkeit und Entscheidungssouveränität.

Ein richtiger erster Schritt wäre das Bewusstsein für diesen Lerninhalt zu schärfen und die Fragestellung zu erörtern, wie sich dieser Lehrstoff in die Ausbildungspläne von Einsatzkräften integrieren lässt. Die Methode des Frontalunterrichtes scheidet als alleinige und hauptsächliche Lehrmethode dabei definitiv aus.

Kooperative Lernformen sind deutlich zielführender, obgleich es nicht bedeuten soll, dass jede kooperative Lernform gleichzeitig soziale Kompetenz oder Teamfähigkeit fördert. Kooperative Unterrichtseinheiten müssen akribisch und unter Hinzuziehung von Fachexpertise vorbereitet und ausgeführt werden. Die hier dargestellten Erkenntnisse und Informationen stammen aus langjähriger Durchführung von Feldstudien und sind mit jeder Durchführung gewachsen, verändert und optimiert worden. Sie bilden einen zielführenden Ansatz, um diese Eigenschaften zu fördern. Die gewöhnliche kooperative Lernform in Form eines »Abenteuers« deckt nicht den qualitativen Kompensationsanspruch der hier beschriebenen Problematik ab.

Somit sollten die Vermittlung und die möglichen Methoden zur Vermittlung sozialer Kompetenz in den Lehrplan von Ausbilderschulungen mit aufgenommen werden.

Es müssen Maßnahmen speziell für Einsatzkräfte entwickelt, ständig kontrolliert und evaluiert werden, damit langfristig die Qualität und die Existenz des Berufs- und Tätigkeitsbildes der Einsatzkräfte gesichert wird. Das Training der sozialen Kompetenz ist somit keine reine Ausbildungsmaßnahme, sondern begleitet die Einsatzkraft ihr ganzes Leben hindurch.

Aus diesem Grund ist auch der Vorschlag zur Erweiterung des Phasenmodells um die Adaptions- und Expansionsphase entstanden. Insbesondere hier besteht ein möglicher Forschungsbedarf.

Der Prozess zur Förderung von sozialer Kompetenz und Teamentwicklung ist nicht kurzweilig. Eine Auseinandersetzung mit dieser Thematik wäre jedoch ein wünschenswerter Anfang und ist im Hinblick auf eine degressive Personalentwicklung[5] bei Einsatzkräften sowohl im Ehrenamt als auch im Berufsbereich zwingend erforderlich.

Die Einsatzkräfte von Feuerwehr, Rettungswesen und Technischen Hilfsorganisationen fordern in allen Bereichen Teamfähigkeit, Teamarbeit und soziale Kompetenz. Sie werben häufig mit dem Slogan: »Wir sind ein Team!« Die Forderung stellt im Vergleich zur Förderung dieser Eigenschaften in Rahmenlehrplänen ein unverhältnismäßig hohes Defizit dar. Dies gilt es dringend zu beheben. Erste Ansätze sind bereits in einzelnen Sparten erkennbar.

Wir sind ein Team! – ABER: Was tun wir dafür?

---

5 Mit degressiver Personalentwicklung ist gemeint, dass die tatsächliche Anzahl qualitativ ausgebildeten Personals sinkt, während der Bedarf an qualitativem Personal steigt.

Danksagung

Ich weiß wohl, dass man dem das Mögliche nicht dankt, von dem man das Unmögliche gefordert hat.«

(Johann Wolfgang von Goethe, 1795)

Die Erstellung dieser Arbeit wäre nicht ohne die Hilfe und Unterstützung verschiedener Personen möglich gewesen. Deshalb möchte ich mich besonders bedanken bei Herrn Prof. Dr. phil. Harald Karutz (Dipl.-Pädagoge) für die wertvollen fachlichen Diskussionen, die Erstellung des Geleitwortes und die vorangegangene Begutachtung der wissenschaftlichen Arbeit.

Herrn Prof. Dr.-Ing. habil. Ulrich Krause danke ich besonders für die Annahme der Aufgabenstellung der wissenschaftlichen Arbeit an seinem Lehrstuhl, die als Grundlage für dieses Buch diente.

Mein Dank gilt den Kolleginnen und Kollegen der Berufsfeuerwehr Mülheim an der Ruhr, insbesondere Herrn Ltd. Branddirektor Burkhard Klein und Herrn Branddirektor Sven Werner, für das entgegengebrachte Vertrauen und den nötigen Freiraum sowie für die Unterstützung, diese Projekte immer wieder durchführen zu können. Ebenfalls danke ich den zahlreichen Ausbildern und Mitarbeitern der Feuerwehr- und Rettungsdienstschule der Berufsfeuerwehr Mülheim an der Ruhr, insbesondere Herrn Kai Hübner, Herrn Reiner Kellendonk, Herrn Ralf Detmers, für das ständige und ehrliche Feedback, den Meinungsaustausch, ihre Mitarbeit und für die Unterstützung bei der Evaluierung der durchgeführten Projekte.

Ich danke den zahlreichen Feuerwehren und Hilfsorganisationen für ihre Rückmeldungen zu den vorgestellten Projekten und ihre Unterstützung bei der Durchführung. Insbesondere der Feuerwehr Dorsten und ihrem Leiter Herrn Andreas Fischer sowie der Verpflegungsgruppe und den Kameraden des Löschzuges Hervest 1 für die aktive Unterstützung in den Ausbildungsveranstaltungen. Der Familie Droste danke ich für die freundliche Gastfreundschaft auf ihren Ländereien sowie Herrn Reidemeister vom Regionalverband Ruhr für die Erlaubnis das urbane Gelände der Hohen Mark nutzen zu dürfen.

Ich danke Herrn Ewald Koschut für die fotodokumentarische Begleitung der Projekte, die als Hauptquelle der Buchillustration verwendet wurde.

Meinen aufrichtigen Dank spreche ich ebenfalls allen aktiven Teilnehmern, Ausbildern und Beobachtern aus, ohne deren Berichte und Erfahrungswerte die Erstellung des vorliegenden Buches nicht möglich gewesen wäre.

Ich bedanke mich herzlich bei meiner Frau Angela und meinen Kindern Jani und Ella für die Zeit, die ich an diesem Werk verbringen durfte und die nicht eingefordert wurde und insbesondere für die Kraft und Motivation die ich aus ihrem Dasein gewinne!

Abschließend bedanke ich mich an dieser Stelle ausdrücklich bei all den Menschen, ohne dessen Unterstützung in jedweder Form die Erstellung dieses Buches nicht möglich gewesen wäre.

Ihnen allen gehört mein aufrichtiger Dank!

Mülheim an der Ruhr im Januar 2018,

Michael Lülf

Literaturverzeichnis

ARCHAN, S., GRÜN, G., WALLNER, J. 2002. Schlüsselqualifikationen – Wie vermittle ich sie Lehrlingen?, Wien, Holzhausen Druck und Medien.

AUSSCHUSS FEUERWEHRANGELEGENHEITEN, K. U. Z. V. A. 2012. *Feuerwehr-Dienstvorschrift 2 (FwDV 2) – Ausbildung der Freiwilligen Feuerwehren*, Stuttgart, Kohlhammer.

BECKER, H., JÄGER, KLAUS 1994. Teams müssen sich zusammenraufen. *Havard Businessmanager*, 4, 9–13.

BENDER, S. 2015. *Teamentwicklung: der effektive Weg zum »Wir«*, München, Dt. Taschenbuchverl. [u. a.].

BRUDERMÜLLER, G., PALANDT, O., ELLENBERGER, J., GÖTZ, I., GRÜNEBERG, C., HERRLER, S., SPRAU, H., THORN, K., WEIDENKAFF, W., WICKE, H. & VERLAG C. H. BECK 2015. *Bürgerliches Gesetzbuch mit Nebengesetzen insbesondere mit Einführungsgesetz (Auszug) einschließlich Rom I-, Rom II- und Rom III-Verordnungen sowie Haager Unterhaltsprotokoll und EU-Erbrechtsverordnung, Allgemeines Gleichbehandlungsgesetz (Auszug), Wohn- und Betreuungsvertragsgesetz, BGB-Informationspflichten-Verordnung, Unterlassungsklagengesetz, Produkthaftungsgesetz, Erbbaurechtsgesetz, Wohnungseigentumsgesetz, Versorgungsausgleichsgesetz, Lebenspartnerschaftsgesetz, Gewaltschutzgesetz*, München, Beck.

BULLER, P. F. 1986. The Team-Building-Task Performance Relation: Some conceptual and ´Methological Refinements. *Group & Organization Studies*, 11, 147–168.

EISEL, K. 1999. *Persönlichkeitsbildung junger Führungskräfte im Heer*, Baden-Baden, Nomos-Verl.-Ges.

EULER, D. 2001. Manche lernen es, aber warum? *Zeitschrift für Berufs- und Wirtschaftspädagogik*, 97, 346–374.

FORSTER, J. 1978. *Teams und Teamarbeit in der Unternehmung eine gesamtheitliche Darstellung mit Meinungen und Beispielen aus der betrieblichen Praxis*, Bern [u. a.], Haupt.

FRANCIS, D., YOUNG, D. & WEBER, H. 2006. *Mehr Erfolg im Team: ein Trainingsprogramm mit 46 Übungen zur Verbesserung der Leistungsfähigkeit in Arbeitsgruppen*, Hamburg [u. a.], Windmühle-Verl.

GOETHE, J. W. 2015. Briefe an Caroline Herder vom 30. Oktober 1795. *In:* CONRADY, K. O. (ed.) *Goethe – Leben und Werk: Zweiter Teil: Summe des Lebens*, Frankfurt am Main, S. Fischer Verlag.

GILSDORF, R., KISTNER, G. & BECKER, K. 2007. *Kooperative Abenteuerspiele 1 Praxishilfe für Schule, Jugendarbeit und Erwachsenenbildung*, 6. Auflage, Kallmeyer, Seelze-Velber.

GILSDORF, R., KISTNER, G. & BECKER, K. 2012. *Kooperative Abenteuerspiele 1 Praxishilfe für Schule, Jugendarbeit und Erwachsenenbildung*, 21. Auflage, Kallmeyer, Seelze-Velber.

GROS, A. 1994. *Ausbildungswesen*, Wiesbaden, Gabler.

HAHN, K. 1959. *Erziehung zur Verantwortung Reden und Aufsätze*, Stuttgart, Klett.

HILL, W., FEHLBAUM, R. & ULRICH, P. 1989. *Organisationslehre: Ziele, Instrumente und Bedingungen der Organisation sozialer Systeme 1 […]*, Bern [u. a.], Haupt.

HÖHLER, G. 1990. Bedeutung und Akzeptanz des Leistungsprinzips in der Gesellschaft von morgen. *Personal*, 42 (Heft 3), 90–95.

HÜBNER, K.-F. 2016. Evaluation Feuerwehrschule Berufsfeuerwehr Mülheim an der Ruhr. *In:* LÜLF, M. (ed.) *Experteninterview Feuerwehrschule Berufsfeuerwehr Mülheim an der Ruhr.*

JAGENLAUF, M. 1992. *Wirkungsanalyse Outward Bound: ein empirischer Beitrag zur Wirklichkeit und Wirksamkeit der erlebnispädagogischen Kursangebote von Outward Bound Deutschland*, München, DGfEE.

JESERICH, W.1990. *Mitarbeiter auswählen und fördern: Assessment-Center-Verfahren*, 5. Unveränderter Nachdruck, München [u. a.], Hanser.

JUGERT, G. 2013. *Soziale Kompetenz für Jugendliche: Grundlagen und Training*, Weinheim [u. a.], Beltz Juventa.

KANNING, U. P. 2002a. Soziale Kompetenz. Definition, Strukturen und Prozesse. *Zeitschrift für Psychologie,* 210, 154–163.

KARG, U. 2006. *Betriebliche Weiterbildung und Lerntransfer: Einflussfaktoren auf den Lerntransfer im organisationalen Kontext,* Bielefeld, Bertelsmann.

KARUTZ, H. 2015. Wie kann Sozialkompetenz vermittelt werden? Vortrag auf dem *2. Notfallsanitätersymposium »Lernfeld Rettungsdienst«.* Hamburg.

KATZENBACH, J. R. & SMITH, D. K. 1993. *Teams: der Schlüssel zur Hochleistungsorganisation,* Wien, Ueberreuter.

KAUFFELD, S., FRIELING & E., GROTE S. 2002. Soziale, personale, methodische oder fachliche: Welche Kompetenzen zählen bei der Bewältigung von Optimierungsaufgaben in betrieblichen Gruppen. *Zeitschrift für Psychologie,* 210, 197–208.

KEPPLER, A. & SCHLEISIEK, J.. 2016. *Alltagskommunikation unter mediatisierten Bedingungen* [Online]. Mannheim: Universität Mannheim. Available: http://www.terra-digitalis.dfg.de/12-ge¬ sprachskiller-smartphone.html [Accessed 15.01.2018].

KOMMUNALES, M. F. I. U. 2015. Verordnung über die Ausbildung und Prüfung für die Laufbahn des mittleren feuerwehrtechnischen Dienstes im Land Nordrhein-Westfalen (VAPmD-Feu). Düsseldorf: Gesetz- und Verordnungsblatt (GV. NRW.) für das Land Nordrhein-Westfalen.

KOMMUNALES, M. F. I. U. 2016a. Verordnung über die Ausbildung und Prüfung für die Laufbahn des gehobenen feuerwehrtechnischen Dienstes im Land Nordrhein-Westfalen (VAPgD-Feu) Düsseldorf: Gesetz- und Verordnungsblatt (GV. NRW.) für das Land Nordrhein-Westfalen.

KOMMUNALES, M. F. I. U. 2016b. Verordnung über die Ausbildung und Prüfung für die Laufbahn des höheren feuerwehrtechnischen Dienstes im Lande Nordrhein-Westfalen (VAPhD-Feu). Düsseldorf: Gesetz- und Verordnungsblatt (GV. NRW.) für das Land Nordrhein-Westfalen.

LASOGGA, F. & GASCH, B. 2011. *Notfallpsychologie: Lehrbuch für die Praxis.* Wiesbaden: Springer Fachmedien.

LÜLF, M. 2011. Teambildung. *In:* KARUTZ, H. (ed.) *Notfallpädagogik: Ideen und Konzepte.* Edewecht: Stumpf + Kossendey.

MERTENS, D. 1974. Schlüsselqualifikationen Thesen zur Schulung für eine moderne Gesellschaft. *Mitteilungen aus der Arbeitsmarkt- und Berufsforschung,* 7, 36–43.

MINISTERIUM FÜR GESUNDHEIT, E., PFLEGE UND ALTER DES LANDES NORDRHEIN-WESTFALEN 2016. Das Tätigkeitsfeld Rettungsdienst erkunden und berufliches Selbstverständnis entwickeln [Online]. In: Rahmenlehrplan. Ausbildung zum Notfallsanitäter/zur Notfallsanitäterin in Nordrhein-Westfalen. Available: https://www.mhkbg.nrw/gesundheit/versorgung/rettungswesen/Rahmen¬ lehrplan-NotSan-NRW.pdf [Accessed 15.01.2018].

NEUBERGER, O. & DÖTZ, W. 1996. *Miteinander arbeiten – miteinander reden! vom Gespräch in unserer Arbeitswelt,* München, Bayerisches Staatsministerium für Arbeit- u. Sozialordnung.

NEUMANN, K. H. 1974. *Taschenbuch der Teamarbeit,* Heidelberg, Sauer.

PERSCHKE, H. 2003. *Sicherheitsstandards in der Erlebnispädagogik: Praxishandbuch für Einrichtungen und Dienste in der Erziehungshilfe,* Weinheim [u. a.], Juventa-Verl.

PREISER, S. & DRESEL, M. 2003. Pädagogische Psychologie: psychologische Grundlagen von Erziehung und Unterricht, Weinheim [u. a.], Juventa-Verl.

PRÜFERT, A. & BLEECK, D. 1993. Grundlagen der Erwachsenenbildung in der Bundeswehr (Symposium vom 20. – 22. November 1991), Bonn, Karl-Theodor-Molinari-Stiftung.

READERS-DIGEST 2014. Das Vertrauen in Berufsstände im Zeitverlauf. Reader's Digest European Trusted Brands 2014, 15.

REDAKTION DER FACHZEITSCHRIFT BRANDSCHUTZ/DEUTSCHE FEUERWEHR-ZEITUNG 2017. *Das Feuerwehr-Lehrbuch,* 5., überarbeitete und erweiterte Auflage, Stuttgart, Kohlhammer.

REFERAT BERUFLICHE BILDUNG, WEITERBILDUNG UND SPORT 2011. *Handreichung für die Erarbeitung von Rahmenlehrplänen der Kultusministerkonferenz für den berufsbezogenen Unterricht in der Berufsschule und ihre Abstimmung mit Ausbildungsordnungen des Bundes für anerkannte Ausbildungsberufe* [Online]. Available: http://www.kmk.org/fileadmin/Dateien/veroeffentlichun¬ gen_beschluesse/2011/2011_09_23_GEP-Handreichung.pdf [Accessed 15.01.2018].

Literaturverzeichnis

ROSENSTIEL, L. V. 1999. Entwicklung von Werthaltungen und interpersonaler Kompetenz Beiträge der Sozialpsychologie. *In:* Sonntag, K (Hg.), *Personalentwicklung in Organisationen,* Göttingen, Hogrefe Verlag.

ROSINI, S. 1996. *Erwachsenengerechtes Lernen in der Gruppe,* Nürnberg, Emwe-Verl.

SCHMIDT-HACKENBERG, B. 1989. *Neue Ausbildungsmethoden in der betrieblichen Berufsausbildung: Ergebnisse aus Modellversuchen,* Berlin [u. a.], Bundesinstitut für Berufsbildung.

SCHNEIDER, H. & KNEBEL, H. 1995. *Team und Teambeurteilung neue Trends in der Arbeitsorganisation,* Köln, Wirtschaftsverl. Bachem.

SCHUTZ, W. 1984. *The truth Option,* Berkeley, Ten Spped Press.

SCHWARZ, K. 1968. *Die Kurzschulen Kurt Hahns: Ihre pädagogische Theorie und Praxis,* Ratingen, Henn.

SCHWEER, M. K. W. 2008. *Lehrer-Schüler-Interaktion Inhaltsfelder, Forschungsperspektiven und methodische Zugänge,* 2. Auflage, Wiesbaden, Springer Verlag.

SENNINGER, T. 2000. *Abenteuer leiten – in Abenteuern lernen. Methodenset zur Planung und Leitung kooperativer Lerngemeinschaften für Training und Teamentwicklung in Schule, Jugendarbeit und Betrieb,* Münster, Ökotopia-Verl.

KREUTZBERG, K. & STALLMEYER, A. 2007. Vergleichsring Berufsfeuerwehren für Städte mit bis zu 250.000 Einwohnern. Brand*schutz/Deutsche Feuerwehr-Zeitung*, 1/2007, 54–55.

STROEBE, R. W. 2010. *Grundlagen der Führung: mit Führungsmodellen,* Hamburg, Windmühle-Verl.

TUCKMAN, B. W. 1965. Developmental sequence in small groups. *Psychological Bulletin*, 63, 384–399.

TUCKMAN, B. W. & JENSEN, M. C. 1977. Stages of Small-Group Development Revisited. *Group & Organization Studies,* 2, 419–427.

WAHREN, H.-K. E. 1994. *Gruppen- und Teamarbeit in Unternehmen.* Berlin [u.a]: De Gruyter.

WITT, M. M. 2000. *Teamentwicklung im Projektmanagement: Vergleich konventioneller und erlebnisorientierter Programme,* Wiesbaden, Deutscher Universitätsverlag.

WITTMANN, S. 2005. Das Konzept Soziale Kompetenz. *In:* VRIENDS, N., MARGRAF, JÜRGEN (ed.) *Soziale Kompetenz.* Baltmannsweiler: Schneider.

DIE ROTEN HEFTE /////////////// 100

Bernd Kramp
Daniel Nydegger

Ethik in der Feuerwehr

Kohlhammer

Digital-Ausgabe
erhältlich in der
BRANDSchutz-App

2015. 96 Seiten. Kart. € 10,99
ISBN 978-3-17-029222-2
Die Roten Hefte Nr. 100

Bernd Kramp/Daniel Nydegger

Ethik in der Feuerwehr

Ethik spielt auch in der Feuerwehr eine wichtige Rolle: bei der Führung von Menschen, beim Umgang mit Hilfesuchenden und Feuerwehrkameraden, beim Vorbereiten und Durchführen von Übungen. Doch von welchen Werten lässt man sich leiten? Das Rote Heft zeigt konkrete Werte für die Feuerwehr auf, die dazu beitragen, dass eine Feuerwehr gut funktionieren kann. Die Werte sind mit Beispielen aus dem Feuerwehralltag untermauert, um die Anschaulichkeit zu erhöhen.

Die Autoren:
Dipl.-Ing. (FH) Bernd Kramp ist Brandoberamtsrat bei der Berufsfeuerwehr Karlsruhe und Vorsitzender der Christlichen Feuerwehrvereinigung e. V. Daniel Nydegger ist Pfarrer und Gruppenführer bei einer Freiwilligen Feuerwehr in der Schweiz.

Leseproben und weitere Informationen: www.kohlhammer-feuerwehr.de

W. Kohlhammer GmbH
70549 Stuttgart

Kohlhammer